"十四五"职业教育国家规划教材

职业教育**数字媒体应用**人才培养系列教材

Photoshop CC 2019

实例教程

·第7版·微课版·

周建国 严鲜财◎主编 曾艳丽 陈新 黄斌◎副主编

人民邮电出版社

北 京

图书在版编目（ＣＩＰ）数据

Photoshop CC 2019实例教程：微课版 / 周建国，
严鲜财　主编. -- 7版. -- 北京：人民邮电出版社，
2024.3

职业教育数字媒体应用人才培养系列教材
ISBN 978-7-115-63827-4

Ⅰ. ①P… Ⅱ. ①周… ②严… Ⅲ. ①图像处理软件—
职业教育—教材 Ⅳ. ①TP391.413

中国国家版本馆CIP数据核字(2024)第043561号

内　容　提　要

　　本书全面、系统地介绍 Photoshop CC 2019 的基本操作方法和图形图像处理技巧，包括图像处理基础知识、初识 Photoshop CC 2019、绘制和编辑选区、绘制图像、修饰图像、编辑图像、绘制图形及路径、调整图像的色彩和色调、图层的应用、文字的使用、通道的应用、蒙版的使用、滤镜效果、动作的应用和综合设计实训等内容。

　　全书主要章以课堂案例为主线，每个案例都有详细的操作步骤，学生通过实际操作可以快速熟悉软件功能并领会设计思路。软件功能解析部分能使学生深入学习软件功能和制作技巧。主要章的最后还安排了课堂练习和课后习题，可以拓展学生对软件的实际应用能力。综合设计实训部分可以帮助学生快速掌握商业图形图像的设计理念，顺利达到实战水平。

　　本书可作为高等院校数字媒体艺术类专业课程的教材，也可供初学者自学参考。

◆　主　　编　周建国　严鲜财

　　副主编　曾艳丽　陈　新　黄　斌

　　责任编辑　马　媛

　　责任印制　王　郁　焦志炜

◆　人民邮电出版社出版发行　　北京市丰台区成寿寺路 11 号

　　邮编　100164　电子邮件　315@ptpress.com.cn

　　网址　https://www.ptpress.com.cn

　　三河市兴达印务有限公司印刷

◆　开本：787×1092　1/16

　　印张：17　　　　　　　　　　2024 年 3 月第 7 版

　　字数：425 千字　　　　　　　2024 年 12 月河北第 3 次印刷

定价：59.80 元

读者服务热线：(010) 81055256　印装质量热线：(010) 81055316
反盗版热线：(010) 81055315
广告经营许可证：京东市监广登字 20170147 号

前 言　　FOREWORD

　　Photoshop 是由 Adobe 公司开发的图形图像处理和编辑软件。它功能强大、易学易用，深受图形图像处理爱好者和平面设计人员的喜爱，已经成为平面设计领域流行的软件之一。目前，我国很多院校的数字媒体艺术类专业都将 Photoshop 作为一门重要的专业课程。为了帮助高等院校的教师全面、系统地讲授这门课程，使学生能够熟练地使用 Photoshop 进行创意设计，几位长期在高等院校从事 Photoshop 教学的教师和专业平面设计公司中经验丰富的设计师共同编写了本书。

　　本书全面贯彻党的二十大精神，以社会主义核心价值观为引领，传承中华优秀传统文化，坚定文化自信，使内容能更好地体现时代性、把握规律性、富于创造性。

　　本书按照"课堂案例—软件功能解析—课堂练习—课后习题"这一思路进行编排，力求通过课堂案例演练，帮助学生快速熟悉软件功能和艺术设计思路；通过软件功能解析帮助学生深入学习软件功能和制作方法；通过课堂练习和课后习题，拓展学生的实际应用能力。在内容编写方面，本书力求细致全面、重点突出；在文字叙述方面，本书言简意赅、通俗易懂；在案例选取方面，本书强调案例的针对性和实用性。

　　本书的配套云盘中包含书中所有案例的素材及效果文件。另外，为方便教师教学，本书配备了微课视频、PPT 课件、教学教案以及教学大纲等丰富的教学资源，任课教师可到人邮教育社区（www.ryjiaoyu.com）免费下载使用。本书的参考学时为 64 学时，其中实训环节为 28 学时，各章的参考学时参见下面的学时分配表。

前　言

学时分配表

章	课程内容	学时分配	
		讲　授	实　训
第 1 章	图像处理基础知识	1	—
第 2 章	初识 Photoshop CC 2019	1	—
第 3 章	绘制和编辑选区	2	2
第 4 章	绘制图像	4	2
第 5 章	修饰图像	4	2
第 6 章	编辑图像	2	2
第 7 章	绘制图形及路径	2	2
第 8 章	调整图像的色彩和色调	4	2
第 9 章	图层的应用	2	2
第 10 章	文字的使用	2	2
第 11 章	通道的应用	2	2
第 12 章	蒙版的使用	2	2
第 13 章	滤镜效果	2	2
第 14 章	动作的应用	2	2
第 15 章	综合设计实训	4	4
学 时 总 计		36	28

由于编者水平有限，书中难免存在不妥之处，敬请广大读者批评指正。

编　者

2023 年 10 月

教学辅助资源

资源类型	数量	资源类型	数量
教学大纲	1 套	课堂案例	44 个
教学教案	15 个	课堂练习	14 个
PPT 课件	15 个	课后习题	14 个

配套视频列表

章	微课视频	章	微课视频
第 3 章 绘制和编辑选区	制作家居装饰类电商 Banner	第 8 章 调整图像的色彩和色调	制作休闲生活类公众号封面首图
	制作商品详情页主图		修正详情页主图中偏色的图片
	制作旅游出行公众号首图		制作传统美食公众号封面次图
	制作橙汁海报		调整照片的色彩与明度
第 4 章 绘制图像	制作美好生活公众号封面次图		制作特殊艺术照片
	制作浮雕画		制作舞蹈培训公众号运营海报
	绘制备忘录图标		制作女装网店详情页主图
	制作女装活动页 H5 首页		制作数码影视公众号封面首图
	制作欢乐假期宣传海报插画	第 9 章 图层的应用	制作文化创意运营海报
	制作摄影摄像类公众号封面首图		绘制计算器图标
第 5 章 修饰图像	修复人物照片		制作化妆品网店详情页主图
	为茶具添加水墨画		制作吸尘器网站首页 Banner
	制作头戴式耳机海报		制作生活摄影公众号首页次图
	清除照片中的涂鸦	第 10 章 文字的使用	制作立冬节气宣传海报
	修复模糊图像		制作霓虹字
第 6 章 编辑图像	制作室内空间装饰画		制作餐厅招牌面宣传单
	制作音量调节器		制作实木双人床 Banner
	为产品添加标识		制作服饰类 App 主页 Banner
	制作旅游公众号首图	第 11 章 通道的应用	制作婚纱摄影类公众号运营海报
	制作房屋地产类公众号信息图		制作活力青春公众号封面首图
第 7 章 绘制图形及路径	绘制家居装饰类公众号插画		制作女性健康公众号首页次图
	制作箱包 App 主页 Banner		制作婚纱摄影类公众号封面首图
	制作音乐节装饰画		制作化妆品类公众号封面次图
	制作箱包类促销 Banner		制作摄影摄像类公众号封面首图
	制作端午节海报		

章	微课视频	章	微课视频
第12章 蒙版的使用	制作饰品类公众号封面首图	第14章 动作的应用	制作影像艺术公众号封面首图
	制作服装类 App 主页 Banner	第15章 综合设计 实训	绘制时钟图标
	制作家电网站首页 Banner		制作旅游类 App 首页
	制作草莓宣传广告		制作中式茶叶网站主页 Banner
第13章 滤镜效果	制作汽车销售类公众号封面首图		制作化妆美容图书封面
	制作彩妆网店详情页主图		制作洗发水包装
	制作文化传媒类公众号封面首图		制作中式茶叶官网首页
	制作美妆护肤类公众号封面首图		设计服装饰品 App 首页 Banner
	制作旅行生活公众号封面首图		设计花艺工坊图书封面
第14章 动作的应用	制作媒体娱乐公众号封面首图		设计冰激凌包装
	制作文化类公众号封面首图		设计中式茶叶官网详情页
	制作阅读生活公众号封面次图		

目 录

C O N T E N T S

CONTENTS

目录

CONTENTS

目 录

CONTENTS

目 录

扩展知识扫码阅读

设计基础

✔认识形体	✔透视原理
✔认识设计	✔认识构成
✔形式美法则	✔点线面
✔基本型与骨骼	✔认识色彩
✔认识图案	✔图形创意
✔版式设计	✔字体设计

设计应用

✔创意绘画	✔图标设计
✔装饰设计	✔VI设计
✔UI设计	✔UI动效设计
✔标志设计	✔包装设计
✔广告设计	✔文创设计
✔网页设计	✔H5页面设计
✔电商设计	✔MG动画设计
✔网店美工设计	✔新媒体美工设计

01

第1章
图像处理基础知识

本章介绍

　　本章主要介绍 Photoshop 图像处理的基础知识，包括位图与矢量图、分辨率、图像颜色模式和常用图像文件格式等。通过对本章的学习，读者可以快速掌握这些基础知识，从而更快、更准确地处理图像。

学习目标

- ✔ 了解位图、矢量图和分辨率。
- ✔ 熟悉图像的不同颜色模式。
- ✔ 熟悉常用的图像文件格式。

技能目标

- ✔ 掌握位图和矢量图的分辨方法。
- ✔ 掌握图像颜色模式的转换。

素养目标

- ✔ 培养主动分析图像特征、结构和内容的意识。
- ✔ 培养能够有效执行计划并灵活改动方案的能力。
- ✔ 培养良好的视觉审美能力。

1.1 位图和矢量图

图像可以分为两大类：位图和矢量图。在绘图或处理图像的过程中，这两种类型的图像可以交叉使用。

1.1.1 位图

位图也叫点阵图像，是由许多独立的小方块组成的，这些小方块称为像素。每个像素都有特定的位置和颜色值，位图的显示效果与像素是紧密联系在一起的，不同位置和颜色的像素组合在一起便可构成一幅色彩丰富的图像。像素越多，图像的分辨率越高，相应地，图像文件的数据量也会越大。

一幅位图的原始效果如图 1-1 所示，使用缩放工具 🔍 将其放大后，可以清晰地看到小方块形状的像素，如图 1-2 所示。

图1-1   图1-2

位图与分辨率有关，如果在屏幕上以较大的倍数放大显示图像，或以低于创建时的分辨率打印图像，图像就会出现锯齿状的边缘，并且会丢失细节。

1.1.2 矢量图

矢量图也叫向量图，它是一种基于图形的几何特性来描述的图像。矢量图中的各种图形元素称为对象，每个对象都是独立的个体，都具有大小、颜色、形状和轮廓等属性。

矢量图与分辨率无关，将它设置为任意大小清晰度都不会变，也不会出现锯齿状的边缘。矢量图在任何分辨率下显示或打印，都不会损失细节。一幅矢量图的原始效果如图 1-3 所示，使用缩放工具 🔍 将其放大后，其清晰度不变，如图 1-4 所示。

图1-3   图1-4

矢量图数据量较小，但这种图像的缺点是色调不够丰富，而且无法像位图那样精确地展现各种绚丽的景象。

1.2 分辨率

分辨率是描述图像文件信息的术语，分为图像分辨率、屏幕分辨率和输出分辨率 3 种。下面将分别进行讲解。

1.2.1 图像分辨率

在 Photoshop 中，图像中每单位长度上的像素数目称为图像的分辨率，其单位为"像素/英寸"或"像素/厘米"。

在相同尺寸的两幅图像中，高分辨率的图像包含的像素比低分辨率的图像包含的像素多。例如，一幅尺寸为 1 英寸×1 英寸（1 英寸=2.54 厘米）的图像，其分辨率为 72 像素/英寸，这幅图像包含 5184（72×72=5184）个像素。同样尺寸，分辨率为 300 像素/英寸的图像包含 90000 个像素。相同尺寸下，分辨率为 72 像素/英寸的图像效果如图 1-1 所示；分辨率为 10 像素/英寸的图像效果如图 1-5 所示。由此可见，在相同尺寸下，高分辨率的图像更能清晰地表现图像内容。

图1-5

提示

如果一幅图像所包含的像素数量是固定的，那么增大图像尺寸会降低图像的分辨率。

1.2.2 屏幕分辨率

屏幕分辨率是显示器上每单位长度显示的像素数目。屏幕分辨率取决于显示器大小及其像素设置。PC 显示器的分辨率一般约为 96 像素/英寸，Mac 显示器的分辨率一般约为 72 像素/英寸。在 Photoshop 中，图像像素被直接转换成显示器像素，当图像分辨率高于显示器分辨率时，屏幕中显示出的图像比实际尺寸大。

1.2.3 输出分辨率

输出分辨率是照排机或打印机等输出设备每英寸输出的油墨点数。打印机的分辨率在 150 点/英寸以上时，可以获得比较好的图像打印效果。

1.3 图像的颜色模式

Photoshop 提供了多种色彩模式，这些色彩模式是作品能够在屏幕和印刷品上成功表现的重要保障。在这些色彩模式中，经常使用的有 CMYK 模式、RGB 模式及灰度模式。另外，还有索引模式、

Lab 模式、HSB 模式、位图模式、双色调模式和多通道模式等。这些模式都可以在"图像>模式"子菜单中选取，每种色彩模式都有不同的色域，并且各个模式之间可以相互转换。下面将介绍主要的色彩模式。

1.3.1　CMYK 模式

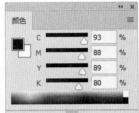

CMYK 代表了印刷用的 4 种油墨颜色：C 代表青色，M 代表洋红色，Y 代表黄色，K 代表黑色。CMYK 模式下的"颜色"控制面板如图 1-6 所示。

CMYK 模式在印刷时应用了色彩学中的减法混合原理，即减色模式，它是图片、插图和其他 Photoshop 作品最常用的一种印刷方式。因为在印刷中通常都要先进行四色分色，出四色胶片，再进行印刷。

图 1-6

1.3.2　RGB 模式

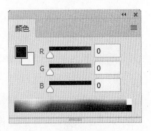

与 CMYK 模式不同的是，RGB 模式是一种加色模式，通过红、绿、蓝 3 种色光相叠加而形成更多的颜色。RGB 是色光的颜色叠加模式，一幅 24bit（位）的 RGB 图像有 3 个色彩信息通道：红色（R）、绿色（G）和蓝色（B）。RGB 模式下的"颜色"控制面板如图 1-7 所示。

每个通道都有 8 bit 的色彩信息，即一个 0～255 的亮度值色域。也就是说，每种色彩都有 256 个亮度水平级。3 种色彩相叠加，可以产生 256×256×256=16777216 种可能的颜色。这么多种颜色足以表现出绚丽多彩的世界。

图 1-7

在 Photoshop 中编辑图像时，RGB 模式是较好的选择，因为它可以提供全屏幕的多达 24 bit 的色彩范围。一些计算机领域的色彩专家称之为"True Color（真彩色显示）"。

1.3.3　灰度模式

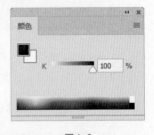

灰度图又叫 8 bit 深度图。每个像素用 8 个二进制位表示，能产生 2^8（即 256）级灰色调。当一个彩色模式文件被转换为灰度模式文件时，文件中所有的颜色信息都将丢失。尽管 Photoshop 允许将一个灰度模式文件转换为彩色模式文件，但不可能将原来的颜色完全还原。所以，当要将图像转换为灰度模式时，应先做好彩色模式文件的备份。

与黑白照片一样，灰度模式的图像只有明暗信息，没有色相和饱和度这两种颜色信息。灰度模式下的"颜色"控制面板如图 1-8 所示，其中的 K 值用于衡量黑色油墨用量，0%代表白色，100%代表黑色。

图 1-8

提示

将彩色模式的图像转换为双色调（Duotone）模式或位图（Bitmap）模式时，必须先将其转换为灰度模式，再从灰度模式转换为双色调模式或位图模式。

1.4 常用的图像文件格式

用 Photoshop 制作或处理好一幅图像后，就需要进行存储。这时，选择一种合适的文件格式就显得十分重要。Photoshop 中有 20 多种文件格式可以选择。在这些文件格式中，既有 Photoshop 的专用格式，也有用于在应用程序间进行数据交换的文件格式，还有一些比较特殊的格式。下面介绍几种常用的文件格式。

1.4.1 PSD 格式和 PDD 格式

PSD 格式和 PDD 格式是 Photoshop 的专用文件格式，由于一些图形处理软件不能很好地支持该格式，所以其通用性不强。PSD 格式和 PDD 格式能够保存图像数据的细小部分，如图层、蒙版、通道等在 Photoshop 中对图像进行特殊处理的信息。在没有最终决定图像的存储格式前，最好先以这两种格式存储。另外，Photoshop 打开和存储这两种格式的文件比其他格式更快。但是这两种格式也有缺点，就是它们所存储的图像文件数据量大，占用的磁盘空间较多。

1.4.2 TIFF 格式

TIFF 格式是标签图像格式。TIFF 格式对颜色通道图像来说是比较通用的格式，具有很强的可移植性，可以用于 Windows、macOS 及 UNIX 工作站三大平台，是这三大平台上使用最广泛的绘图格式之一。

使用 TIFF 格式存储图像时应考虑文件的数据量，因为 TIFF 格式的结构比其他格式复杂。TIFF 格式支持 24 个通道，能存储多于 4 个通道的图像文件。TIFF 格式还允许使用 Photoshop 中的复杂工具和滤镜特效。TIFF 格式非常适合用于印刷和输出图像。

1.4.3 BMP 格式

BMP 是 Windows Bitmap 的缩写。它可以用于 Windows 下的绝大多数应用程序。

BMP 格式使用索引色彩，并且可以使用 16MB 色彩渲染图像。BMP 格式能够存储黑白图、灰度图和 16MB 色彩的 RGB 图像等，这种格式的图像具有极为丰富的色彩。此格式一般在多媒体演示、视频输出等情况下使用，不能在 macOS 下的应用程序中使用。在存储 BMP 格式的图像文件时，可以进行无损压缩，以节省磁盘空间。

1.4.4 GIF 格式

GIF（Graphics Interchange Format）的图像文件的数据量较小，是一种压缩的 8 bit 图像文件。正因为这样，一般用这种格式的文件来缩短图像的加载时间。在网络中传输图像文件时，GIF 格式的图像文件的传输速度要比其他格式的图像文件快得多。

1.4.5 JPEG 格式

JPEG（Joint Photographic Experts Group）格式是 macOS 中常用的存储格式。JPEG 格式

既是 Photoshop 支持的一种文件格式，也是一种压缩方案。JPEG 格式是压缩格式中的"佼佼者"。与 TIFF 文件格式采用的无损压缩相比，JPEG 的压缩比更大，但 JPEG 使用的有损压缩会丢失部分数据。用户可以在存储前选择图像的质量，从而控制数据的损失程度。

1.4.6　EPS 格式

EPS（Encapsulated Post Script）格式是 Illustrator 和 Photoshop 之间交换数据的文件格式。使用 Illustrator 制作出来的流畅曲线、简单图形和专业图像一般都存储为 EPS 格式。Photoshop 可以读取 EPS 格式的文件，也可以把其他格式的图像文件存储为 EPS 格式，以便在排版类的 PageMaker 和绘图类的 Illustrator 等其他软件中使用。

1.4.7　PNG 格式

PNG 格式是用于无损压缩和在 Web 上显示图像的文件格式，它支持 24bit 图像且能产生无锯齿状边缘的透明背景；还支持无 Alpha 通道的 RGB、索引颜色、灰度和位图模式的图像。注意，某些 Web 浏览器不支持 PNG 图像。

1.4.8　选择合适的图像文件格式

图像文件的存储格式应根据工作任务的需要进行选择。下面根据图像的不同用途介绍适宜选择的图像文件格式。

印刷：TIFF、EPS。

出版物：PDF。

Internet 图像：GIF、JPEG、PNG。

Photoshop 工作：PSD、PDD、TIFF。

02

第 2 章
初识 Photoshop CC 2019

本章介绍

　　本章对 Photoshop CC 2019 的功能进行讲解。通过对本章的学习，读者可以对 Photoshop CC 2019 的功能有一个大体的了解，以便在制作图像的过程中快速地定位，并应用相应的知识点。

学习目标

✔ 熟悉软件的工作界面并掌握基本操作。
✔ 掌握图像显示效果的切换。
✔ 掌握辅助线和绘图颜色的设置。
✔ 熟练掌握图像尺寸和画布尺寸的调整方法。
✔ 掌握图层的基本操作方法。
✔ 熟练掌握恢复操作的应用。

技能目标

✔ 熟练掌握图像文件的新建、打开、保存和关闭方法。
✔ 掌握切换图像显示效果的操作方法。
✔ 掌握标尺、参考线和网格的应用。
✔ 熟练掌握图像尺寸和画布尺寸的调整技巧。

素养目标

✔ 培养主动学习并合理制定学习计划的意识。
✔ 培养发现问题和分析问题的意识。
✔ 培养自主进行软件练习的意识。

2.1 工作界面的介绍

2.1.1 菜单栏及其快捷方式

熟悉 Photoshop 的工作界面，有助于初学者日后得心应手地使用 Photoshop。Photoshop CC 2019 的工作界面主要由菜单栏、属性栏、工具箱、控制面板、图像窗口和状态栏组成，如图 2-1 所示。

菜单栏
属性栏
工具箱
图像窗口
状态栏
控制面板

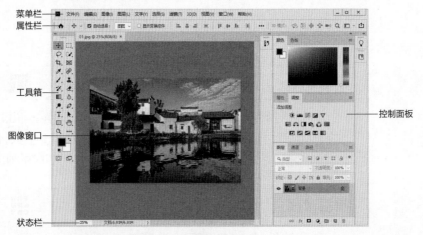

图 2-1

菜单栏：菜单栏共包含 11 个菜单。利用菜单命令可以完成编辑图像、调整色彩和添加滤镜效果等操作。

工具箱：工具箱中包含多个工具。利用不同的工具可以完成图像的绘制、观察和测量等操作。

属性栏：属性栏是工具箱中各个工具的功能扩展。通过在属性栏中设置不同的选项，可以快速地完成多样化的操作。

控制面板：控制面板是 Photoshop 的重要组成部分。通过不同的控制面板，可以完成填充颜色、设置图层和添加样式等操作。

图像窗口：图像窗口中显示了用户正在处理的文件。可以将图像窗口设置为选项卡样式的窗口，并且可以进行分组和停放。

状态栏：状态栏可以显示当前文件的显示比例、文档大小、当前工具和暂存盘大小等提示信息。

1. 菜单分类

Photoshop CC 2019 的菜单栏中依次为“文件”菜单、“编辑”菜单、“图像”菜单、“图层”菜单、“文字”菜单、“选择”菜单、“滤镜”菜单、“3D”菜单、“视图”菜单、“窗口”菜单及“帮助”菜单，如图 2-2 所示。

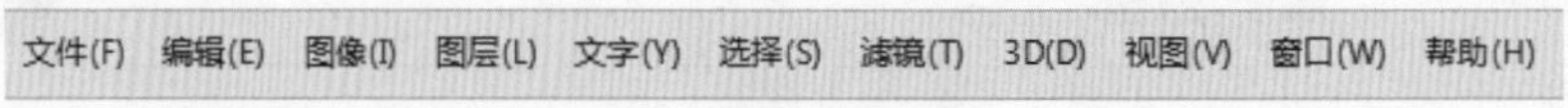
文件(F) 编辑(E) 图像(I) 图层(L) 文字(Y) 选择(S) 滤镜(T) 3D(D) 视图(V) 窗口(W) 帮助(H)

图 2-2

“文件”菜单：包含新建、打开、存储、置入等文件操作命令。

“编辑”菜单：包含还原、剪切、复制、填充、描边等文件编辑命令。

“图像”菜单：包含修改图像颜色模式、调整图像颜色、改变图像大小等编辑图像的命令。

"图层"菜单：包含图层的新建、编辑和调整命令。

"文字"菜单：包含文字的创建、编辑和调整命令。

"选择"菜单：包含选区的创建、选取、修改、存储和载入等命令。

"滤镜"菜单：包含对图像进行各种艺术化处理的命令。

"3D"菜单：包含创建 3D 模型、编辑 3D 属性、调整纹理及编辑光线等命令。

"视图"菜单：包含各种对视图进行设置的命令。

"窗口"菜单：包含排列、设置工作区及显示或隐藏控制面板的操作命令。

"帮助"菜单：提供各种帮助信息和技术支持。

2. 菜单命令的不同状态

有些菜单命令中包含子菜单，包含子菜单的菜单命令右侧会显示一个黑色的三角形▶，单击这些菜单命令，就会显示出子菜单，如图 2-3 所示。

当菜单命令不符合执行的条件时，就会显示为灰色，即不可执行状态。例如，在 CMYK 模式下，"滤镜"菜单中的部分菜单命令将变为灰色，不能使用。

当菜单命令后面显示了"…"时，如图 2-4 所示，表示单击此菜单命令会弹出相应的对话框，可以在对话框中进行相应的设置。

图 2-3

图 2-4

3. 隐藏菜单命令

可以根据操作需要隐藏菜单命令。不经常使用的菜单命令可以暂时隐藏，选择"窗口 > 工作区 > 键盘组合键和菜单"命令，弹出"键盘组合键和菜单"对话框，如图 2-5 所示。

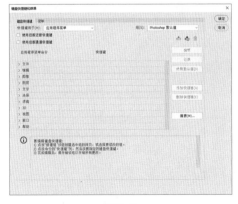

图 2-5

选择"菜单"选项卡，单击"应用程序菜单命令"栏中命令左侧的 〉按钮，将展开详细的菜单命令，如图 2-6 所示。单击"可见性"栏中的眼睛图标 ◉ ，可将对应的菜单命令隐藏，如图 2-7 所示。

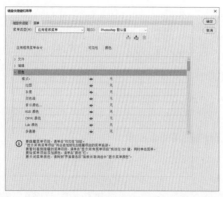
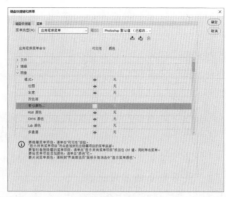

图 2-6　　　　　　　　　　　　　　　图 2-7

　　设置完成后，单击"存储对当前菜单组的所有更改"按钮，保存当前的设置。也可单击"根据当前菜单组创建一个新组"按钮，将当前的修改创建为一个新组。隐藏菜单命令前后的菜单分别如图 2-8 和图 2-9 所示。

图 2-8　　　　　　　　　　　　　　　图 2-9

4．突出显示菜单命令

　　为了突出显示需要的菜单命令，可以为其设置颜色。选择"窗口 ＞ 工作区 ＞ 键盘组合键和菜单"命令，弹出"键盘组合键和菜单"对话框，在要突出显示的菜单命令后面单击"无"右侧的下拉按钮，在弹出的下拉列表中选择需要的颜色，如图 2-10 所示。可以为不同的菜单命令设置不同的颜色，如图 2-11 所示。设置好颜色后，菜单命令的效果如图 2-12 所示。

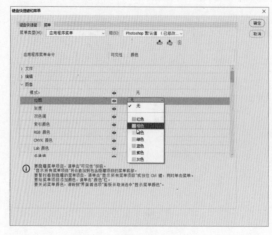

图 2-10

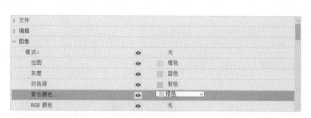

图 2-11   图 2-12

 提示

> 如果要暂时取消显示菜单命令的颜色，可以选择"编辑 > 首选项 > 界面"命令，在弹出的对话框中取消勾选"显示菜单颜色"复选框。

5. 键盘快捷方式

使用键盘快捷方式：当要选择菜单命令时，可以按菜单命令旁标注的组合键进行选择。例如，要选择"文件 > 打开"命令，直接按 Ctrl+O 组合键即可。

按住 Alt 键的同时，按菜单栏中菜单名称后对应的字母键，可以打开相应的菜单，再按菜单命令后面的字母键可执行相应的命令。例如，要打开"选择"菜单，按 Alt+S 组合键即可，要执行该菜单中的"色彩范围"命令，再按 C 键即可。

自定义键盘快捷方式：为了更方便地使用常用的命令，Photoshop 提供了自定义键盘快捷方式和保存键盘快捷方式的功能。

选择"窗口 > 工作区 > 键盘组合键和菜单"命令，弹出"键盘组合键和菜单"对话框，切换到"键盘组合键"选项卡，如图 2-13 所示。对话框下方的信息栏中说明了组合键的设置方法。在"组合键用于"下拉列表中可以选择需要设置组合键的菜单或工具，在"组"下拉列表中可以选择要设置的组合键组，在下面的选项窗口中可以对命令或工具进行组合键的设置，如图 2-14 所示。

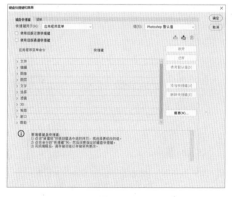

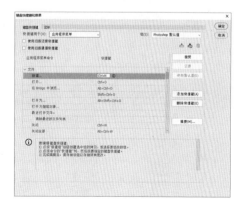

图 2-13   图 2-14

设置新的组合键后，单击对话框右上方的"根据当前的组合键组创建一组新的组合键"按钮，弹出"另存为"对话框，在"文件名"下拉列表框中输入名称，如图 2-15 所示。单击"保存"按钮存储新的组合键设置。这时，在"组"下拉列表中即可看到新的组合键设置，如图 2-16 所示。

图 2-15　　　　　　　　　　　　　　　　　　　　图 2-16

更改组合键设置后，需要单击"存储对当前组合键组的所有更改"按钮 对当前设置进行存储，单击"确定"按钮，应用更改的组合键设置。要将设置的组合键删除，可以单击"删除当前的组合键组合"按钮 圙，Photoshop 会删除当前的组合键组合。

> **提示**
> 在为控制面板或菜单命令定义组合键时，这些组合键必须包括 Ctrl 键或其他功能键；在为工具箱中的工具定义组合键时，必须使用字母 A ~ Z。

2.1.2　工具箱

Photoshop 的工具箱中包含选择工具、绘图工具、填充工具、编辑工具、颜色选择工具、屏幕视图工具和快速蒙版工具等，如图 2-17 所示。要想了解每个工具的具体用法、名称和功能，可以将鼠标指针放置在具体工具上，此时在其旁边会出现一个演示框，其中显示了该工具的具体用法、名称和功能，如图 2-18 所示。工具名称后面括号中的字母代表选择此工具的组合键，只要在键盘上按该字母键，就可以快速切换到相应的工具。

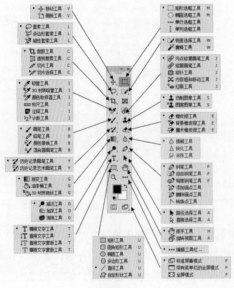

图 2-17

图 2-18

切换工具箱的显示状态：Photoshop 的工具箱可以根据需要在单栏与双栏之间自由切换。当工具箱显示为单栏时，如图 2-19 所示。单击工具箱上方的双箭头图标 ▶▶，可将工具箱切换为双栏显示，如图 2-20 所示。

图 2-19　　　　　　　　　　　　　　　　　　　　　　　　图 2-20

显示隐藏的工具：在工具箱中，部分工具图标的右下方有一个黑色的小三角形 ◢，表示在该工具下还有隐藏的工具。长按工具箱中有小三角形的工具图标，会弹出隐藏的工具，如图 2-21 所示。单击需要的工具图标，即可选择该工具。

恢复工具的默认设置：要想恢复工具的默认设置，可以在选择该工具后，在相应的工具属性栏中，用鼠标右键单击工具图标，在弹出的菜单中选择"复位工具"命令，如图 2-22 所示。

图 2-21

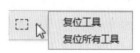

图 2-22

鼠标指针的显示：当选择工具箱中的工具后，鼠标指针就会变为该工具的图标。例如，选择裁剪工具 ◩ 后，图像窗口中的鼠标指针也随之显示为裁剪工具的图标，如图 2-23 所示。选择画笔工具 ✐ 后，鼠标指针显示为画笔工具的图标，如图 2-24 所示。按下 Caps Lock 键，鼠标指针将显示为精确的十字形图标，如图 2-25 所示。

图 2-23　　　　　　　　　　　图 2-24　　　　　　　　　　　图 2-25

2.1.3　属性栏

当选择某个工具后，会出现对应的工具属性栏，可以通过属性栏对工具进行进一步的设置。例如，当选择魔棒工具 ✐ 时，工作界面的上方会出现对应的魔棒工具属性栏，可以应用属性栏中的各个选项对工具做进一步的设置，如图 2-26 所示。

图 2-26

2.1.4 状态栏

打开一幅图像后，图像窗口下方的状态栏中会显示该图像的相关信息，如图 2-27 所示。状态栏的左侧显示了当前图像的缩放比例。在显示比例区的文本框中输入数值可改变图像的显示比例。

状态栏的中间部分显示了当前图像的文件信息，单击三角形图标 ，在弹出的菜单中可以选择要显示的当前图像的其他信息，如图 2-28 所示。

图 2-27   图 2-28

2.1.5 控制面板

控制面板是处理图像时一个不可或缺的部分。Photoshop 为用户提供了多个控制面板组。

收缩与展开控制面板：控制面板可以根据需要进行伸缩。控制面板的展开状态如图 2-29 所示。单击控制面板上方的双箭头图标 ，可以收缩控制面板，如图 2-30 所示。如果要展开某个控制面板，可以直接单击其选项卡，相应的控制面板会自动弹出，如图 2-31 所示。

图 2-29

图 2-30

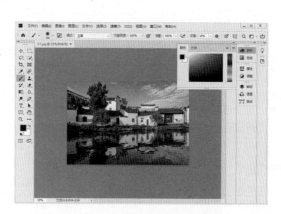

图 2-31

拆分控制面板：若需要单独拆分出某个控制面板，可选中该控制面板的选项卡并将其向图像窗口拖曳，如图 2-32 所示。释放鼠标后，选中的控制面板将被单独拆分出来，如图 2-33 所示。

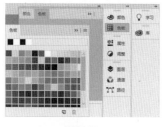

图 2-32

图 2-33

组合控制面板：可以根据需要将两个或多个控制面板组合到一个面板组中，以节省操作空间。要组合控制面板，可以先选中控制面板的选项卡，将其拖曳到要组合到的面板组中，面板组周围出现蓝色的边框，如图 2-34 所示。此时，释放鼠标，控制面板将被组合到面板组中，如图 2-35 所示。

控制面板的弹出式菜单：单击控制面板右上方的 ≡ 图标，会弹出一个菜单，其中包含设置控制面板的相关命令，如图 2-36 所示。

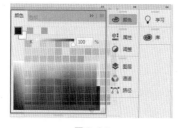

图 2-34

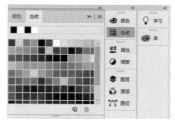

图 2-35

图 2-36

隐藏与显示控制面板：按 Tab 键，可以隐藏工具箱和控制面板；再次按 Tab 键，可以显示出隐藏的部分。按 Shift+Tab 组合键，可以隐藏控制面板；再次按 Shift+Tab 组合键，可以显示出隐藏的部分。

> **提示** 按 F5 键可以显示或隐藏"画笔设置"控制面板；按 F6 键可以显示或隐藏"颜色"控制面板；按 F7 键可以显示或隐藏"图层"控制面板；按 F8 键可以显示或隐藏"信息"控制面板。按 Alt+F9 组合键可以显示或隐藏"动作"控制面板。

自定义工作区：可以依据操作习惯自定义工作区、存储控制面板及设置工具的排列方式，设计出个性化的 Photoshop 界面。

设置工作区后，选择"窗口 > 工作区 > 新建工作区"命令，弹出"新建工作区"对话框，如图 2-37 所示。输入工作区名称，单击"存储"按钮，即可将自定义的工作区存储。

如果要使用自定义工作区，可以在"窗口 > 工作区"子菜单中选择新保存的工作区名称。如果要恢复使用 Photoshop 默认的工作区，可以选择"窗口 > 工作区 > 复位基本功能"命令进行恢复。选择"窗口 > 工作区 > 删除工作区"命令，可以删除自定义的工作区。

图 2-37

2.2 图像文件的基本操作

图像文件的基本操作是设计和制作作品时必须掌握的技能。下面将具体介绍 Photoshop CC 2019 中图像文件的基本操作方法。

2.2.1 新建图像文件

如果要在 Photoshop 中绘图，首先要在 Photoshop 中新建一个图像文件。

选择"文件 > 新建"命令，或按 Ctrl+N 组合键，弹出"新建文档"对话框，如图 2-38 所示。

图 2-38

根据需要单击上方的类别选项卡，选择需要的预设新建文档；或在右侧的选项中修改图像的名称、宽度、高度、分辨率和颜色模式等预设值新建文档，单击图像名称右侧的 🔖 按钮，可新建文档预设。设置完成后单击"创建"按钮，完成新建图像文件的操作，如图 2-39 所示。

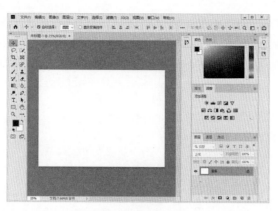

图 2-39

2.2.2　打开图像文件

如果要对图像文件进行修改或其他处理，就要在 Photoshop 中打开所需的图像文件。

选择"文件 > 打开"命令，或按 Ctrl+O 组合键，弹出"打开"对话框，在对话框中找到需要打开的图像文件，确认图像文件类型和名称，如图 2-40 所示。单击"打开"按钮，或直接双击图像文件，可打开指定的图像文件，如图 2-41 所示。

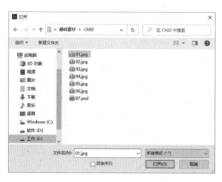

图 2-40

图 2-41

提示　　在"打开"对话框中，可以同时打开多个文件，只需在文件列表中将所需的多个文件同时选中，再单击"打开"按钮即可。在"打开"对话框中选择文件时，按住 Ctrl 键的同时，单击文件，可以选择不连续的多个文件；按住 Shift 键的同时，单击文件，可以选择连续的多个文件。

2.2.3　保存图像文件

编辑和制作完图像后，就需要将图像文件进行保存，以便下次继续操作。

选择"文件 > 存储"命令，或按 Ctrl+S 组合键，可以存储图像文件。对设计好的作品进行第一次存储时，选择"文件 > 存储"命令，将弹出"保存在您的计算机上或保存到云文档"对话框。

单击"保存到云文档"按钮，可以将图像文件保存到云文档中；单击"保存在您的计算机上"按钮，将弹出"另存为"对话框，如图 2-42 所示。在对话框中输入文件名、选择保存类型后，单击"保存"按钮，即可将图像文件保存到计算机上。

图 2-42

　　　　当对已经存储过的图像文件进行各种编辑操作后，选择"文件 > 存储"命令，将不弹出"另存为"对话框，计算机直接保存最终确认的结果，并覆盖原始文件。

2.2.4　关闭图像文件

　　将图像文件进行存储后，可以将其关闭。选择"文件 > 关闭"命令，或按 Ctrl+W 组合键，可以关闭图像文件。关闭图像文件时，若当前图像文件被修改过或是新建的图像文件，则会弹出提示对话框，如图 2-43 所示。单击"是"按钮即可存储并关闭图像文件；单击"否"按钮，不存储图像文件但会关闭图像文件；单击"取消"按钮，取消存储和关闭操作。

图 2-43

2.3　图像的显示效果

　　使用 Photoshop 编辑和处理图像时，合理选择图像的显示比例，可以使工作更便捷、高效。

2.3.1　100%显示图像

　　100%显示图像的效果如图 2-44 所示，在此状态下可以对图像进行精确的编辑。

图 2-44

2.3.2　放大显示图像

选择缩放工具 🔍，鼠标指针变为 🔍 形状，每单击一次，图像就会放大一级。当图像以 100%的比例显示时，在图像窗口中单击，图像会以 200%的比例显示，效果如图 2-45 所示。

当要放大一个指定的区域时，则需要在此区域按住鼠标左键不放，该区域会放大显示，当放大到需要的大小后释放鼠标左键即可。取消勾选属性栏中的"细微缩放"复选框，可以在图像上框选出矩形选区，如图 2-46 所示，从而将选中的区域放大，如图 2-47 所示。

按 Ctrl+ + 组合键，可逐级放大图像。例如，从 100%的显示比例放大到 200%、300%、400%。

图 2-45　　　　　　　　　　图 2-46　　　　　　　　　　图 2-47

2.3.3　缩小显示图像

缩小显示图像，一方面可以用有限的屏幕空间显示出更多的图像，另一方面可以看到较大图像的全貌。

选择"缩放"工具 🔍，鼠标指针变为 🔍 形状，按住 Alt 键不放，鼠标指针变为 🔍 形状。每单击一次，图像将缩小一级。缩小显示前的效果如图 2-48 所示。按 Ctrl+ - 组合键，可逐级缩小图像，如图 2-49 所示。

也可在缩放工具的属性栏中单击 🔍 按钮，如图 2-50 所示，鼠标指针将变为 🔍 形状，每单击一次，图像将缩小一级。

图 2-48　　　　　　　　　　　　　　图 2-49

图 2-50

2.3.4　全屏显示图像

若要将图像窗口放大到填满整个屏幕，可以在缩放工具的属性栏中单击"适合屏幕"按钮 适合屏幕，再勾选"调整窗口大小以满屏显示"复选框，如图 2-51 所示。这样在放大图像时，图像窗口就会和屏幕的尺寸相适应，效果如图 2-52 所示。单击"100%"按钮 100%，图像将以实际像素比例显示。

单击"填充屏幕"按钮 填充屏幕，图像将自动缩放以适合屏幕。

图 2-51

图 2-52

2.3.5　图像窗口的显示

当打开了多个图像文件时，会出现多个图像窗口，这就需要对图像窗口进行布置和摆放。

同时打开多个图像文件，如图 2-53 所示。按 Tab 键，隐藏工作界面中的工具箱和控制面板，效果如图 2-54 所示。

图 2-53　　　　　　　　　　　　　　　　　图 2-54

选择"窗口 > 排列 > 全部垂直拼贴"命令，图像窗口的排列效果如图 2-55 所示。选择"窗口 > 排列 > 全部水平拼贴"命令，图像窗口的排列效果如图 2-56 所示。

图 2-55　　　　　　　　　　　　　　　　　图 2-56

选择"窗口 > 排列 > 双联水平"命令，图像窗口的排列效果如图 2-57 所示。选择"窗口 > 排列 > 双联垂直"命令，图像窗口的排列效果如图 2-58 所示。

图 2-57　　　　　　　　　　　　　　　图 2-58

选择"窗口 > 排列 > 三联水平"命令，图像窗口的排列效果如图 2-59 所示。选择"窗口 > 排列 > 三联垂直"命令，图像窗口的排列效果如图 2-60 所示。

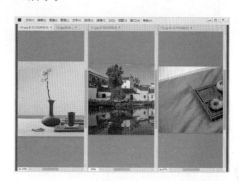

图 2-59　　　　　　　　　　　　　　　图 2-60

选择"窗口 > 排列 > 三联堆积"命令，图像窗口的排列效果如图 2-61 所示。选择"窗口 > 排列 > 四联"命令，图像窗口的排列效果如图 2-62 所示。

图 2-61　　　　　　　　　　　　　　　图 2-62

选择"窗口 > 排列 > 将所有内容合并到选项卡中"命令，图像窗口的排列效果如图 2-63 所示。选择"窗口 > 排列 > 在窗口中浮动"命令，图像窗口的排列效果如图 2-64 所示。

选择"窗口 > 排列 > 使所有内容在窗口中浮动"命令，图像窗口的排列效果如图 2-65 所示。选择"窗口 > 排列 > 层叠"命令，图像窗口的排列效果与图 2-65 所示相同。选择"窗口 > 排列 >

平铺"命令，图像窗口的排列效果如图 2-66 所示。

图 2-63

图 2-64

图 2-65

图 2-66

"匹配缩放"命令可以将所有窗口都匹配到与当前窗口相同的缩放比例。如图 2-67 所示，将"01"素材图片以 100%的比例显示，再选择"窗口 > 排列 > 匹配缩放"命令，所有图像窗口都将以 100%的比例显示图像，如图 2-68 所示。

图 2-67

图 2-68

"匹配位置"命令可以将所有窗口都匹配到与当前窗口相同的显示位置。如图 2-69 所示，调整"04"素材图片的显示位置，选择"窗口 > 排列 > 匹配位置"命令，所有图像窗口都将以相同的位置显示图像，如图 2-70 所示。

"匹配旋转"命令可以将所有窗口的视图旋转角度都匹配到与当前窗口相同。在工具箱中选择"旋转视图"工具 🖑，将"02"素材图片的视图旋转一定角度，如图 2-71 所示。选择"窗口 > 排列 >匹配旋转"命令，所有图像窗口都会旋转相同的角度，如图 2-72 所示。

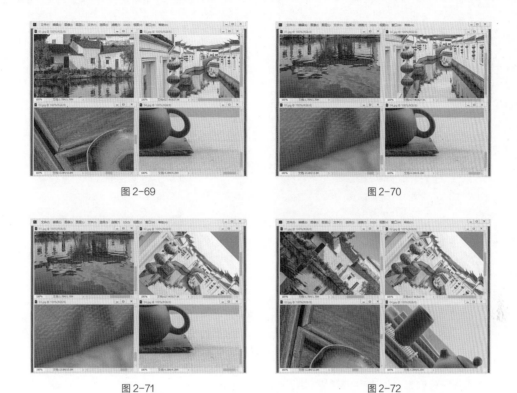

图 2-69   图 2-70

图 2-71   图 2-72

"全部匹配"命令可以将所有窗口的缩放比例、图像显示位置、视图旋转角度都与当前窗口进行匹配。

2.3.6　观察放大图像

选择抓手工具 ，鼠标指针变为 形状，拖曳图像，可以观察图像的每个部分，效果如图 2-73 所示。直接拖曳图像周围的垂直和水平滚动条，也可以观察图像的每个部分，效果如图 2-74 所示。如果正在使用其他的工具进行工作，按住 Space（空格）键，可以快速切换到抓手工具 。

图 2-73

图 2-74

2.4　标尺、参考线和网格线的设置

使用标尺、参考线和网格线可以使图像处理结果更加精确。实际设计任务中的许多问题都需要使用标尺、参考线和网格线来解决。

2.4.1 标尺的设置

选择"编辑 > 首选项 > 单位与标尺"命令，弹出相应的对话框，如图 2-75 所示，在其中可以对相关参数进行设置。

图 2-75

单位：用于设置标尺和文字的显示单位，有不同的显示单位可以选择。

新文档预设分辨率：用于设置新建文档的预设分辨率。

列尺寸：用于设置导入排版软件的图像所占据的列宽和装订线的尺寸。

点/派卡大小：用于设置与输出有关的参数。

选择"视图 > 标尺"命令，可以显示或隐藏标尺，如图 2-76 和图 2-77 所示。

图 2-76   图 2-77

将鼠标指针放在标尺 x 轴和 y 轴的交点（即原点）处，如图 2-78 所示。按住鼠标左键不放，向右下方拖曳鼠标到适当的位置，如图 2-79 所示，释放鼠标左键，标尺的 x 轴和 y 轴的交点就变为新确定的位置，如图 2-80 所示。

图 2-78   图 2-79   图 2-80

2.4.2　参考线的设置

设置参考线：将鼠标指针放在水平标尺上，按住鼠标左键不放，向下拖曳出水平的参考线，如图 2-81 所示。将鼠标指针放在垂直标尺上，按住鼠标左键不放，向右拖曳出垂直的参考线，如图 2-82 所示。

图 2-81

图 2-82

显示或隐藏参考线：选择"视图 > 显示 > 参考线"命令，可以显示或隐藏参考线。此命令只有存在参考线时才能使用。

移动参考线：选择移动工具 ⊕，将鼠标指针放在参考线上，鼠标指针变为 ÷ 形状时，按住鼠标左键并拖曳，可以移动参考线。

新建、锁定、清除参考线。选择"视图 > 新建参考线"命令，弹出"新建参考线"对话框，如图 2-83 所示，设定相关参数后单击"确定"按钮，图像中将出现新建的参考线。选择"视图 > 锁定参考线"命令或按 Alt +Ctrl+；组合键，可以将参考线锁定，参考线锁定后将不能移动。选择"视图 > 清除参考线"命令，可以将参考线清除。

图 2-83

2.4.3　网格线的设置

选择"编辑 > 首选项 > 参考线、网格和切片"命令，弹出相应的对话框，如图 2-84 所示。

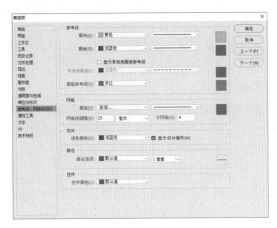

图 2-84

参考线：用于设置参考线的颜色和样式。

网格：用于设置网格的颜色、样式、网格线间隔和子网格等。

切片：用于设置切片的颜色和是否显示切片的编号。

路径：用于设置路径的颜色。

控件：用于设置控件的颜色。

选择"视图 > 显示 > 网格"命令，可以显示或隐藏网格，如图 2-85 和图 2-86 所示。

图 2-85　　　　　　　　　　　图 2-86

　　反复按 Ctrl+R 组合键，可以显示或隐藏标尺。反复按 Ctrl+；组合键，可以显示或隐藏参考线。反复按 Ctrl+' 组合键，可以显示或隐藏网格。

2.5　图像尺寸和画布尺寸的调整

根据制作过程中不同的需求，可以随时调整图像与画布的尺寸。

2.5.1　图像尺寸的调整

打开一幅图像，选择"图像 > 图像大小"命令，弹出"图像大小"对话框，如图 2-87 所示。

图像大小：改变"宽度""高度""分辨率"选项的数值，可以改变图像的文档大小，图像的尺寸也会发生相应的改变。

缩放样式：单击 ✿ 按钮，在弹出的下拉列表中选择"缩放样式"选项后，若在图像中添加了图层样式，则可以在调整图像大小时自动缩放图层样式。

尺寸：显示图像的宽度和高度值，单击右侧的 ⌄ 按钮，可以改变图像的尺寸单位。

调整为：选取预设以调整图像大小。

约束比例 🔗：单击"宽度"和"高度"选项左侧的锁链图标 🔗，表示改变其中一项数值时，另一项会成比例地同时改变。

分辨率：用于控制位图中的细节精细度，计量单位是像素/英寸（ppi）。每英寸的像素越多，分辨率越高。

重新采样：不勾选此复选框，尺寸的数值将不会改变，"宽度""高度""分辨率"选项左侧将出现锁链图标 🔗，表示改变其中一项数值时，另外两项会相应改变，如图 2-88 所示。

在"图像大小"对话框中可以改变部分选项的计量单位，如图 2-89 所示。单击"调整为"选项右侧的下拉按钮，在弹出的下拉列表中选择"自动分辨率"选项，将弹出"自动分辨率"对话框，系统将自动调整图像的分辨率和品质，如图 2-90 所示。

图 2-87

图 2-88

图 2-89

图 2-90

2.5.2 画布尺寸的调整

图像画布尺寸的大小是指当前图像周围的工作空间的大小。选择"图像 > 画布大小"命令，弹出"画布大小"对话框，如图 2-91 所示。

当前大小：显示的是当前文件的大小和尺寸。

新建大小：用于重新设定图像画布的大小。

定位：可调整图像在新画布中的位置，可偏左、居中或在右上角等，如图 2-92 所示。

图 2-91

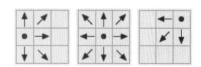

图 2-92

设置不同的定位方式，图像的效果如图 2-93 所示。

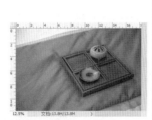

（a）居左

图 2-93

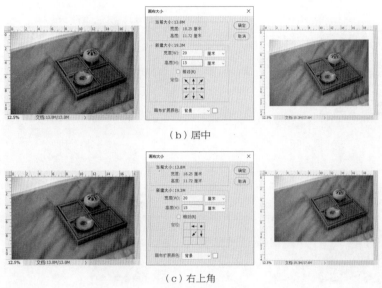

（b）居中

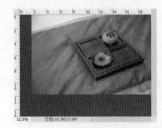

（c）右上角
图 2-93（续）

　　画布扩展颜色：在此选项的下拉列表中可以选择填充图像周围扩展部分的颜色，可以选择前景色、
背景色或 Photoshop 中的默认颜色，也可以自定义所需颜色。

　　在对话框中进行设置，如图 2-94 所示，单击"确定"按钮，效果如图 2-95 所示。

图 2-94

图 2-95

2.6　图像的移动

　　打开一幅图像。选择磁性套索工具，在要移动的区域内绘制选区，如图 2-96 所示。选择移动
工具，将鼠标指针放在选区中，鼠标指针变为形状，如图 2-97 所示。按住鼠标左键，拖曳鼠标
到适当的位置，释放鼠标后，可移动选区内的图像，原来的选区位置被背景色填充，效果如图 2-98
所示。按 Ctrl+D 组合键可取消选区。

图 2-96

图 2-97

图 2-98

打开一幅图像。将选区中的图像拖曳到另一个图像窗口中，鼠标指针变为 形状，如图 2-99 所示，释放鼠标左键，选区中的图像被移动到打开的图像窗口中，效果如图 2-100 所示。

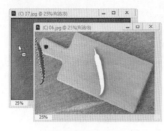

图 2-99

图 2-100

2.7　绘图颜色的设置

在 Photoshop 中可以使用"拾色器"对话框、"颜色"控制面板和"色板"控制面板等对图像进行颜色的设置。

2.7.1　使用"拾色器"对话框设置颜色

单击工具箱中的"设置前景色/设置背景色"图标，弹出"拾色器"对话框，在颜色色带上单击或拖曳两侧的三角形滑块，如图 2-101 所示，可以使颜色的色相发生变化。

左侧的颜色选择区：可以选择颜色的明度和饱和度，垂直方向表示明度的变化，水平方向表示饱和度的变化。

右侧上方的颜色框：显示所选择的颜色，下方是所选颜色的 HSB、RGB、Lab 和 CMYK 值，选择好颜色后，单击"确定"按钮，所选择的颜色将变为工具箱中的前景或背景色。

右侧下方的数值框：可以输入 HSB、RGB、Lab、CMYK 的颜色值，以得到希望的颜色。

只有 Web 颜色：勾选此复选框，颜色选择区中会出现可供网页使用的颜色，如图 2-102 所示，在右侧的数值框 # `000000` 中，显示的是所选网页颜色的数值。

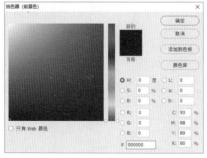

图 2-101

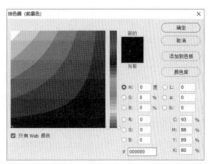

图 2-102

在"拾色器"对话框中单击 颜色库 按钮，弹出"颜色库"对话框，如图 2-103 所示。在该对话框中，"色库"下拉列表中是一些常用的印刷颜色体系，如图 2-104 所示，其中"TRUMATCH"是为印刷设计提供服务的印刷颜色体系。

图 2-103

图 2-104

在"颜色库"对话框中，单击颜色色带或拖曳两侧的三角形滑块，可以使颜色的色相发生变化，在颜色选择区中选择带有编码的颜色，在对话框的右侧上方的颜色框中会显示出所选择的颜色，右侧下方是所选择颜色的色值。

2.7.2 使用"颜色"控制面板设置颜色

选择"窗口 > 颜色"命令，弹出"颜色"控制面板，如图 2-105 所示，在该面板中可以改变前景色和背景色。

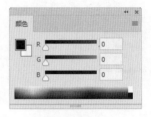

图 2-105

单击左侧的设置前景色或设置背景色图标▇，确定所调整的是前景色还是背景色，拖曳三角形滑块或在色带中选择所需的颜色，也可以直接在颜色的数值框中输入数值来调整颜色。

单击"颜色"控制面板右上方的☰图标，弹出一个菜单，如图 2-106 所示，此菜单用于设定"颜色"控制面板中显示的颜色模式，可以在不同的颜色模式中调整颜色。

2.7.3 使用"色板"控制面板设置颜色

选择"窗口 > 色板"命令，弹出"色板"控制面板，如图 2-107 所示，可以在其中选取一种颜色来改变前景或背景色。单击"色板"控制面板右上方的☰图标，弹出的菜单如图 2-108 所示。

图 2-106

新建色板：用于新建一个色板。

小型缩览图：可使控制面板显示最小型图标。

小/大缩览图：可使控制面板显示为小/大图标样式。

小/大列表：可使控制面板显示为小/大列表样式。

显示最近颜色：可显示最近使用的颜色。

预设管理器：用于对色板中的颜色进行管理。

复位色板：用于恢复系统的初始设置状态。

载入色板：用于向"色板"控制面板中增加色板文件。

存储色板：用于将当前"色板"控制面板中的色板文件存入硬盘。

存储色板以供交换：用于将当前"色板"控制面板中的色板文件存入硬盘以供交换使用。

替换色板：用于替换"色板"控制面板中现有的色板文件。

"ANPA 颜色"选项以下都是软件预置的颜色库。

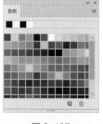

图 2-107 　　　　　　　　　　　　　　　图 2-108

在"色板"控制面板中，将鼠标指针移到空白处，鼠标指针变为油漆桶形状，如图 2-109 所示，此时单击，会弹出"色板名称"对话框，如图 2-110 所示，单击"确定"按钮，即可将当前的前景色添加到"色板"控制面板中，如图 2-111 所示。

图 2-109 　　　　　　　　　　　图 2-110 　　　　　　　　　　　图 2-111

在"色板"控制面板中，将鼠标指针移到色标上，鼠标指针变为吸管形状，如图 2-112 所示，此时单击，将设置吸取的颜色为前景色，如图 2-113 所示。

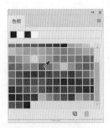

图 2-112

图 2-113

2.8　图层的基本操作

　　使用图层可在不影响其他图像元素的情况下处理某一图像元素。我们可以将图层想象成一张张叠起来的硫酸纸，可以透过图层的透明区域看到下面图层中的内容。通过更改图层的堆叠顺序和属性，可以改变图像的合成效果。图 2-114 所示图像的图层原理图如图 2-115 所示。

图 2-114

图 2-115

2.8.1　控制面板

　　"图层"控制面板中列出了图像中的所有图层、图层组和图层效果，如图 2-116 所示。可以使用"图层"控制面板来搜索图层、显示和隐藏图层、创建新图层及处理图层组，还可以在"图层"控制面板的下拉菜单中设置其他命令和选项。

图 2-116

　　图层搜索功能：在 类型 中可以选取 9 种不同的搜索方式。

　　类型按钮：可以通过单击"像素图层"按钮、"调整图层"按钮、"文字图层"按钮、"形状图层"按钮和"智能对象"按钮来搜索需要的图层类型。

　　名称：可以通过在右侧的文本框中输入图层名称来搜索图层。

　　效果：通过图层应用的图层样式来搜索图层。

　　模式：通过图层设定的混合模式来搜索图层。

　　属性：通过图层的可见性、锁定、链接、混合和蒙版等属性来搜索图层。

　　颜色：通过不同的图层颜色来搜索图层。

　　智能对象：通过图层中不同智能对象的链接方式来搜索图层。

　　选定：通过选定的图层来搜索图层。

画板：通过画板来搜索图层。

图层的混合模式 正常 ∨：用于设定图层的混合模式，共包含 27 种混合模式。

不透明度：用于设定图层的不透明度。

填充：用于设定图层的填充百分比。

眼睛图标 ⊙：用于显示或隐藏图层。

锁链图标 ⇔：表示图层与图层之间的链接关系。

图标 T：表示此图层为可编辑的文字层。

图标 ƒx：表示此图层添加了样式。

锁定：⊠ ╱ ✦ ◻ 🔒

图 2-117

在"图层"控制面板的上方有 5 个工具按钮图标，如图 2-117 所示。

"锁定透明像素"按钮 ⊠：用于锁定当前图层中的透明区域，使透明区域不能被编辑。

"锁定图像像素"按钮 ╱：使当前图层和透明区域不能被编辑。

"锁定位置"按钮 ✦：使当前图层不能被移动。

"防止在画板和画框内外自动嵌套"按钮 ◻：锁定画板在画布上的位置。

"锁定全部"按钮 🔒：使当前图层或序列完全被锁定。

在"图层"控制面板的下方有 7 个工具按钮图标，如图 2-118 所示。

"链接图层"按钮 ∞：使所选图层和当前图层成为一组，当对一个
链接图层进行操作时，将影响一组链接图层。

⇔ ƒx ◻ ◔ ◻ ◻ 🗑

图 2-118

"添加图层样式"按钮 ƒx：为当前图层添加图层样式。

"添加图层蒙版"按钮 ◻：用于在当前图层上创建一个蒙版。在图层蒙版中，黑色代表隐藏的图像，白色代表显示的图像。可以使用画笔等绘图工具对蒙版进行绘制，还可以将蒙版转换成选区。

"创建新的填充或调整图层"按钮 ◔：可对图层进行颜色填充和效果调整。

"创建新组"按钮 ◻：用于新建一个文件夹，可在其中放入图层。

"创建新图层"按钮 ◻：用于在当前图层的上方创建一个新图层。

"删除图层"按钮 🗑：可以将不需要的图层拖曳到此处进行删除。

2.8.2 面板菜单

单击"图层"控制面板右上方的 ☰ 图标，弹出的菜单如图 2-119 所示。

2.8.3 新建图层

使用控制面板中的菜单命令：单击"图层"控制面板右上方的 ☰ 图标，弹出菜单，选择"新建图层"命令，弹出"新建图层"对话框，如图 2-120 所示。

名称：用于设定新图层的名称，可以勾选"使用前一图层创建剪贴蒙版"复选框。

颜色：用于设定新图层的颜色。

模式：用于设定新图层的合成模式。

不透明度：用于设定新图层的不透明度值。

使用控制面板中的按钮或组合键：单击"图层"控制面板下方的"创建

图 2-119

新图层"按钮 ▣，可以创建一个新图层；按住 Alt 键的同时单击"创建新图层"按钮 ▣，将弹出"新建图层"对话框。

　　使用"图层"菜单命令或组合键：选择"图层 > 新建 > 图层"命令，或按 Shift+Ctrl+N 组合键，将弹出"新建图层"对话框。

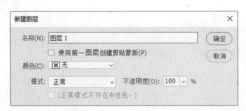

图 2-120

2.8.4　复制图层

　　使用控制面板中的菜单命令：单击"图层"控制面板右上方的 ☰ 图标，弹出菜单，选择"复制图层"命令，弹出"复制图层"对话框，如图 2-121 所示。

　　为：用于设定复制图层的名称。

　　文档：用于设定复制图层的文件来源。

　　使用控制面板中的按钮：将需要复制的图层拖曳到控制面板下方的"创建新图层"按钮 ▣ 上，可以复制所选的图层。

图 2-121

　　使用菜单命令：选择"图层 > 复制图层"命令，将弹出"复制图层"对话框。

　　使用拖曳的方法复制不同图像之间的图层：打开目标图像和需要复制的图像，将需要复制的图像中的图层直接拖曳到目标图像的图层中，完成图层复制。

2.8.5　删除图层

　　使用控制面板中的菜单命令：单击"图层"控制面板右上方的 ☰ 图标，弹出菜单，选择"删除图层"命令，弹出提示对话框，如图 2-122 所示，单击"是"按钮，删除图层。

　　使用控制面板中的按钮：选中要删除的图层，单击"图层"控制面板下方的"删除图层"按钮 🗑，即可删除图层。也可以将需要删除的图层直接拖曳到"删除图层"按钮 🗑 上进行删除。

图 2-122

　　使用菜单命令：选择"图层 > 删除 > 图层"命令，即可删除图层。

2.8.6　图层的显示和隐藏

　　单击"图层"控制面板中任意图层左侧的眼睛图标 👁，可以隐藏或显示这个图层。

　　按住 Alt 键的同时，单击"图层"控制面板中任意图层左侧的眼睛图标 👁，此时，图层控制面板中将只显示这个图层，其他图层则被隐藏。

2.8.7　图层的选择、链接和排列

选择图层：单击"图层"控制面板中的任意一个图层，可以选择这个图层；选择移动工具 ，用鼠标右键单击窗口中的图像，将弹出一组供选择的图层选项，选择需要的图层即可。

链接图层：当要同时对多个图层进行操作时，可以将多个图层进行链接，以便操作。选中要链接的图层，如图 2-123 所示，单击"图层"控制面板下方的"链接图层"按钮 ，选中的图层被链接，如图 2-124 所示。再次单击"链接图层"按钮 ，可取消链接。

图 2-123

图 2-124

排列图层：单击"图层"控制面板中的任意图层并按住鼠标左键不放，拖曳鼠标可将其移动到其他图层的上方或下方；选择"图层 > 排列"命令，弹出"排列"命令的子菜单，选择其中的排列方式即可。

> 按 Ctrl+ [组合键，可以将当前图层向下移动一层；按 Ctrl+] 组合键，可以将当前图层向上移动一层；按 Shift+Ctrl+ [组合键，可以将当前图层移动到除了"背景"图层以外的所有图层的下方；按 Shift +Ctrl+] 组合键，可以将当前图层移动到所有图层的上方。"背景"图层不能随意移动，可以将其转换为普通图层后再移动。

2.8.8　合并图层

"向下合并"命令用于向下合并图层。单击"图层"控制面板右上方的 图标，在弹出的菜单中选择"向下合并"命令，或按 Ctrl+E 组合键。

"合并可见图层"命令用于合并所有可见图层。单击"图层"控制面板右上方的 图标，在弹出的菜单中选择"合并可见图层"命令，或按 Shift+Ctrl+E 组合键。

"拼合图像"命令用于合并所有的图层。单击"图层"控制面板右上方的 图标，在弹出的菜单中选择"拼合图像"命令即可完成操作。

2.8.9　图层组

当需要编辑多个图层时，为了方便操作，可以将多个图层放置在一个图层组中。单击"图层"控制面板右上方的 图标，在弹出的菜单中选择"新建组"命令，弹出"新建组"对话框，单击"确定"按钮，新建一个图层组，如图 2-125 所示。选中要放置到组中的多个图层，如图 2-126 所示。将它们拖曳到图层组中，选中的图层被放置在图层组中，如图 2-127 所示。

图 2-125

图 2-126

图 2-127

> 提示
>
> 单击"图层"控制面板下方的"创建新组"按钮 ，或选择"图层 > 新建 > 组"命令，可以新建图层组。还可选中要放置在图层组中的所有图层，按 Ctrl+G 组合键，自动生成新的图层组。

2.9 恢复操作的应用

在绘制和编辑图像的过程中，经常会错误地执行一个步骤或对制作的一系列效果不满意。当希望恢复到前一步或原来的图像效果时，可以使用恢复操作命令。

2.9.1 恢复到上一步的操作

在编辑图像的过程中可以随时将图像返回到上一步操作时的状态，也可以还原图像到恢复前的效果。选择"编辑 > 还原"命令，或按 Ctrl+Z 组合键，可以将图像恢复到上一步操作时的状态。如果想还原图像到恢复前的效果，再按 Ctrl+Z 组合键即可。

2.9.2 中断操作

当 Photoshop 正在进行图像处理时，如果想中断这次的操作，可以按 Esc 键中断正在进行的操作。

2.9.3 恢复到操作过程中的任意步骤

使用"历史记录"控制面板可以将进行过多次处理操作的图像恢复到任一步操作时的状态，即所谓的"多次恢复功能"。选择"窗口 > 历史记录"命令，弹出"历史记录"控制面板，如图 2-128 所示。

图 2-128

控制面板下方的按钮从左至右依次为"从当前状态创建新文档"按钮 、"创建新快照"按钮 和"删除当前状态"按钮 。

单击控制面板右上方的 图标，弹出的菜单如图 2-129 所示。

前进一步：用于将操作记录向下移动一步。

后退一步：用于将操作记录向上移动一步。

新建快照：用于根据当前的操作记录建立新的快照。

删除：用于删除控制面板中当前的操作记录。

清除历史记录：用于清除控制面板中除最后一条记录外的所有记录。

新建文档：用于根据当前状态或者快照建立新的文件。

历史记录选项：用于设置"历史记录"控制面板。

"关闭"和"关闭选项卡组"：分别用于关闭"历史记录"控制面板和"历史记录"控制面板所在的选项卡组。

图 2-129

03

第3章
绘制和编辑选区

本章介绍

　　本章主要介绍 Photoshop 中绘制选区的方法及编辑选区的技巧。通过对本章的学习，读者可以快速地绘制规则与不规则的选区，并对选区进行移动、反选、羽化等调整操作。

学习目标

✔ 熟练掌握选择工具的使用方法。
✔ 掌握选区的操作技巧。

技能目标

✔ 掌握"家居装饰类电商 Banner"的制作方法。
✔ 掌握"商品详情页主图"的制作方法。

素养目标

✔ 培养独立思考和善于分析的能力。
✔ 培养能够不断改进学习方法的自主学习能力。
✔ 培养勇于探索、敢于创新的意识。

3.1 选区工具的使用

要对图像进行编辑，首先要选择图像。能够快速精确地选择图像是提高图像处理效率的关键。

3.1.1 课堂案例——制作家居装饰类电商 Banner

案例学习目标

学习使用不同的选区工具选择不同外形的装饰摆件。

案例知识要点

使用椭圆选框工具、矩形选框工具抠取时钟和画框，使用磁性套索工具、"从选区减去"按钮抠取绿植，使用移动工具合成图像，效果如图 3-1 所示。

微课视频

扫码观看
本案例视频

扩展阅读

图 3-1

效果所在位置

Ch03/效果/制作家居装饰类电商 Banner.psd。

（1）按 Ctrl+O 组合键，打开云盘中的"Ch03 > 素材 > 制作家居装饰类电商 Banner > 01、02"文件，如图 3-2、图 3-3 所示。

图 3-2

图 3-3

（2）选择椭圆选框工具 ◯，在"02"图像窗口中，按住 Alt+Shift 组合键的同时，以时钟中心为中心点拖曳鼠标以绘制圆形选区，如图 3-4 所示。

（3）选择移动工具 ✛，将选区中的图像拖曳到"01"图像窗口中适当的位置，如图 3-5 所示，"图层"控制面板中生成新的图层，将其命名为"时钟"。

（4）单击"图层"控制面板下方的"添加图层样式"按钮 fx，在弹出的菜单中选择"投影"命令，在弹出的对话框中进行设置，如图 3-6 所示；单击"确定"按钮，效果如图 3-7 所示。

图 3-4

图 3-5

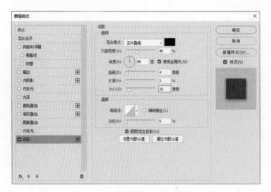

图 3-6

图 3-7

（5）按 Ctrl+O 组合键，打开云盘中的"Ch03 > 素材 > 制作家居装饰类电商 Banner > 03"
文件，如图 3-8 所示。选择磁性套索工具 ，在"03"图像窗口中沿着绿植图像边缘拖曳鼠标，磁
性套索工具的磁性轨迹会紧贴图像的轮廓，如图 3-9 所示，将鼠标指针移回到起点，如图 3-10 所示，
单击以封闭选区，效果如图 3-11 所示。

图 3-8

图 3-9

图 3-10

图 3-11

（6）选择磁性套索工具 ，在属性栏中单击"从选区减去"按钮 ，在已有选区上继续绘制，
减去空白区域，效果如图 3-12 所示。选择移动工具 ，将选区中的图像拖曳到"01"图像窗口中适
当的位置，如图 3-13 所示，"图层"控制面板中生成新的图层，将其命名为"绿植"。

图 3-12

图 3-13

（7）按 Ctrl+O 组合键，打开云盘中的"Ch03 > 素材 > 制作家居装饰类电商 Banner > 04"文件，选择移动工具 ⊕，将花瓶拖曳到"01"图像窗口中适当的位置，效果如图 3-14 所示，"图层"控制面板中生成新图层，将其命名为"花瓶"。

（8）按 Ctrl+O 组合键，打开云盘中的"Ch03 > 素材 > 制作家居装饰类电商 Banner > 05"文件，如图 3-15 所示。

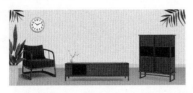

图 3-14

图 3-15

（9）选择矩形选框工具 ▭，在"05"图像窗口中沿着画框边缘拖曳鼠标以绘制矩形选区，如图 3-16 所示。选择移动工具 ⊕，将选区中的图像拖曳到"01"图像窗口中适当的位置，如图 3-17 所示，"图层"控制面板中生成新的图层，将其命名为"画框"。

图 3-16

图 3-17

（10）单击"图层"控制面板下方的"添加图层样式"按钮 fx，在弹出的菜单中选择"投影"命令，在弹出的对话框中进行设置，如图 3-18 所示；单击"确定"按钮，效果如图 3-19 所示。

（11）单击"图层"控制面板下方的"创建新的填充或调整图层"按钮 ◑，在弹出的菜单中选择"色相/饱和度"命令，"图层"控制面板中生成"色相/饱和度 1"图层，同时弹出"色相/饱和度"面板，单击"此调整影响下面的所有图层"按钮 ↵ 使其变为"此调整剪切到此图层"按钮 ↵，其他选项的设置如图 3-20 所示；按 Enter 键确定操作，图像效果如图 3-21 所示。

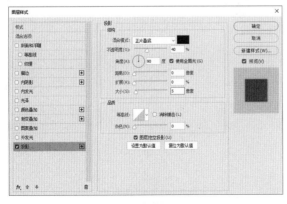

图 3-18

图 3-19

图 3-20

图 3-21

（12）按 Ctrl+O 组合键，打开云盘中的"Ch03 > 素材 > 制作家居装饰类电商 Banner > 06"文件，选择移动工具 ，将广告文字拖曳到"01"图像窗口中适当的位置，效果如图 3-22 所示，"图层"控制面板中生成新图层，将其命名为"文字"。

图 3-22

3.1.2　选框工具

使用矩形选框工具可以在图像或图层中绘制矩形选区。

选择矩形选框工具 ，或反复按 Shift+M 组合键切换到该工具，矩形选框工具的属性栏如图 3-23 所示。

图 3-23

新选区 ：取消旧选区，绘制新选区。

添加到选区 ：在原有选区的基础上增加新的选区。

从选区减去 ：从原有选区中减去新选区的部分。

与选区交叉 ：选择新旧选区重叠的部分。

羽化：用于设定选区边缘的羽化程度。

消除锯齿：用于清除选区边缘的锯齿。

样式：用于选择绘制样式。

打开一幅图像，选择矩形选框工具 ，在图像窗口中适当的位置按住鼠标左键不放，向右下方拖曳鼠标以绘制选区；释放鼠标左键，矩形选区绘制完成，如图 3-24 所示。按住 Shift 键的同时拖曳鼠标，可以在图像窗口中绘制出正方形选区，如图 3-25 所示。

图 3-24

图 3-25

在属性栏中选择"样式"下拉列表中的"固定比例"选项，将"宽度"选项设为 2，"高度"选项设为 3，如图 3-26 所示。在图像中绘制固定比例的选区，效果如图 3-27 所示。单击"高度和宽度互换"按钮 ，可以快速地将宽度和高度的数值交换，交换后绘制的选区效果如图 3-28 所示。

图 3-26

图 3-27

图 3-28

在属性栏中选择"样式"下拉列表中的"固定大小"选项，在"宽度"和"高度"数值框中输入数值，如图 3-29 所示。绘制固定大小的选区，效果如图 3-30 所示。单击"高度和宽度互换"按钮 ，可以快速地将宽度和高度的数值交换，交换后绘制的选区效果如图 3-31 所示。

图 3-29

图 3-30

图 3-31

椭圆选框工具的使用方法与矩形选框工具基本相同，这里不再赘述。

3.1.3 套索工具

使用套索工具可以在图像或图层中绘制不规则的选区或选取不规则的图像。

选择套索工具 ，或反复按 Shift+L 组合键切换到该工具，套索工具的属性栏如图 3-32 所示。

图 3-32

选择套索工具 ,在图像窗口中适当的位置按住鼠标左键不放,拖曳鼠标在图像上进行绘制,如图 3-33 所示,释放鼠标左键,选择的区域会自动封闭并生成选区,效果如图 3-34 所示。

图 3-33   图 3-34

3.1.4　魔棒工具

魔棒工具可以用来选取图像中的某一点,并将与这一点颜色相同或相近的点自动融入选区中。

选择魔棒工具 ,或反复按 Shift+W 组合键切换到该工具,魔棒工具的属性栏如图 3-35 所示。

| ♠ | ✂ ∨ | ▣ 🗗 🗗 🗗 | 取样大小: | 取样点 | ∨ | 容差: 32 | ☑消除锯齿 | ☑连续 | ☐对所有图层取样 | | 选择主体 | | 选择并遮住 … |

图 3-35

取样大小:用于设置取样范围的大小。

容差:用于控制色彩的范围,数值越大,可选择的颜色范围越大。

连续:用于选择连续像素。

对所有图层取样:用于设置是否对所有可见图层取样。

选择魔棒工具 ,在图像窗口中单击即可得到需要的选区,如图 3-36 所示。将“容差”选项设为 100,再次单击图像窗口中的适当位置,生成选区,效果如图 3-37 所示。

图 3-36   图 3-37

3.2　选区的操作技巧

建立选区后,可以对选区进行一系列的操作,如移动选区、调整选区、羽化选区等。

3.2.1　课堂案例——制作商品详情页主图

案例学习目标

学习使用矩形选框工具绘制选区,并使用“羽化”命令制作出需要的效果。

案例知识要点

使用矩形选框工具、"变换选区"命令和"羽化"命令制作商品投影，使用移动工具添加装饰图片和文字，效果如图 3-38 所示。

图 3-38

效果所在位置

Ch03/效果/制作商品详情页主图.psd。

（1）按 Ctrl+O 组合键，打开云盘中的"Ch03 > 素材 > 制作商品详情页主图 > 01、02"文件，如图 3-39 所示。选择移动工具 ⊕，将"02"图片拖曳到"01"图像窗口中适当的位置，效果如图 3-40 所示，"图层"控制面板中生成新的图层，将其命名为"沙发"。选择矩形选框工具 □，在图像窗口中拖曳鼠标以绘制矩形选区，如图 3-41 所示。

图 3-39　　　　　　　　　图 3-40　　　　　　　　　图 3-41

（2）选择"选择 > 变换选区"命令，选区周围出现控制节点，如图 3-42 所示，按住 Ctrl 键的同时，拖曳左上角的控制节点到适当的位置，如图 3-43 所示。使用相同的方法调整其他控制节点，如图 3-44 所示。

图 3-42　　　　　　　　　图 3-43　　　　　　　　　图 3-44

（3）选区变换完成后，按 Enter 键确定操作，效果如图 3-45 所示。按 Shift+F6 组合键，弹出"羽化选区"对话框，选项的设置如图 3-46 所示，单击"确定"按钮。

图 3-45

图 3-46

（4）按住 Ctrl 键的同时，单击"图层"控制面板下方的"创建新图层"按钮，在"沙发"图层下方新建一个图层并将其命名为"投影"。将前景色设为黑色。按 Alt+Delete 组合键，用前景色填充选区。按 Ctrl+D 组合键，取消选区，效果如图 3-47 所示。

（5）在"图层"控制面板上方，将"投影"图层的"不透明度"设为 40%，如图 3-48 所示，按 Enter 键确定操作，图像效果如图 3-49 所示。

图 3-47

图 3-48

图 3-49

（6）选中"沙发"图层。按 Ctrl+O 组合键，打开云盘中的"Ch03 > 素材 > 制作商品详情页主图 > 03"文件。选择移动工具，将"03"图片拖曳到"01"图像窗口中适当的位置，图像效果如图 3-50 所示，"图层"控制面板中生成新的图层，将其命名为"装饰"，如图 3-51 所示。商品详情页主图制作完成。

图 3-50

图 3-51

3.2.2　移动选区

在图像中绘制一个选区，将鼠标指针放在选区中，鼠标指针变为形状，如图 3-52 所示。按住鼠标左键并拖曳，鼠标指针变为形状，将选区拖曳到其他位置，如图 3-53 所示。释放鼠标左键，即可完成选区的移动，效果如图 3-54 所示。

当使用矩形选框工具或椭圆选框工具绘制选区时，按住鼠标左键与 Space（空格）键拖曳鼠标，即可移动选区。绘制出选区后，使用方向键可以将选区沿对应方向移动 1 像素，使用 Shift+方向键可以将选区沿对应方向移动 10 像素。

图 3-52   图 3-53   图 3-54

3.2.3　羽化选区

羽化选区可以使图像产生柔和的效果。

在图像中绘制选区，如图 3-55 所示。选择"选择 > 修改 > 羽化"命令，弹出"羽化选区"对话框，设置"羽化半径"的值，如图 3-56 所示，单击"确定"按钮，羽化选区。按 Shift+Ctrl+I 组合键，将选区反选，如图 3-57 所示。

图 3-55   图 3-56   图 3-57

在选区中填充颜色后，取消选区，效果如图 3-58 所示。还可以在绘制选区前，在所使用工具的属性栏中直接输入羽化数值，如图 3-59 所示。此时，绘制的选区边缘自动被羽化。

图 3-58   图 3-59

3.2.4　取消选区

选择"选择 > 取消选择"命令，或按 Ctrl+D 组合键，可以取消选区。

3.2.5　全选和反选选区

选择"选择 > 全部"命令，或按 Ctrl+A 组合键，可以选取全部图像，效果如图 3-60 所示。

选择"选择 > 反选"命令，或按 Shift+Ctrl+I 组合键，可以对当前的选区进行反向选取，反选前后的对比效果如图 3-61 和图 3-62 所示。

图 3-60   图 3-61   图 3-62

课堂练习——制作旅游出行公众号首图

🔗 练习知识要点

使用魔棒工具选取背景，使用"亮度/对比度"命令调整图像亮度，使用移动工具更换天空和移动图像，效果如图 3-63 所示。

图 3-63

◎ 效果所在位置

Ch03/效果/制作旅游出行公众号首图.psd。

课后习题——制作橙汁海报

🔗 习题知识要点

使用椭圆选框工具和"羽化"命令制作投影效果，使用魔棒工具选取图像，使用"反选"命令制作选区反选效果，使用移动工具移动选区中的图像，效果如图 3-64 所示。

图 3-64

◎ 效果所在位置

Ch03/效果/制作橙汁海报.psd。

04

第4章
绘制图像

本章介绍

　　本章主要介绍 Photoshop 中画笔工具的使用方法及填充工具的使用技巧。通过对本章的学习，读者可以用画笔工具绘制出丰富多样的图像，用填充工具制作出多种填充效果。

学习目标

✅ 掌握绘图工具和历史记录画笔工具的使用方法。
✅ 熟练掌握渐变工具和油漆桶工具的操作技巧。
✅ 掌握"填充"命令和"描边"命令的使用方法。

技能目标

✅ 掌握"美好生活公众号封面次图"的制作方法。
✅ 掌握"浮雕画"的制作方法。
✅ 掌握"备忘录图标"的绘制方法。
✅ 掌握"女装活动页 H5 首页"的制作方法。

素养目标

✅ 培养良好的实践动手能力。
✅ 培养良好的艺术感知能力和审美意识。
✅ 培养良好的团队协作意识。

4.1 绘图工具的使用

掌握绘图工具的使用方法是绘画和编辑图像的基础。使用画笔工具可以绘制出各种具有绘画效果的图像，使用铅笔工具可以绘制出各种具有硬边效果的图像。

4.1.1 课堂案例——制作美好生活公众号封面次图

案例学习目标

学习使用"定义画笔预设"命令和画笔工具制作公众号封面次图。

案例知识要点

使用"定义画笔预设"命令定义画笔图像，使用画笔工具和"画笔设置"控制面板绘制装饰点，使用橡皮擦工具擦除多余的点，使用"高斯模糊"滤镜为装饰点添加模糊效果，效果如图 4-1 所示。

图 4-1

效果所在位置

Ch04\效果\制作美好生活公众号封面次图.psd。

（1）按 Ctrl+O 组合键，打开云盘中"Ch04 > 素材 > 制作美好生活公众号封面次图 > 01、02"文件，如图 4-2 所示。进入"02"图像窗口中，按 Ctrl+A 组合键全选选区，图像效果如图 4-3 所示。

图 4-2   图 4-3

（2）选择"编辑 > 定义画笔预设"命令，弹出"画笔名称"对话框，在"名称"文本框中输入"点.psd"，如图 4-4 所示，单击"确定"按钮，将点图像定义为画笔。

（3）在"01"图像窗口中，单击"图层"控制面板下方的"创建新图层"按钮，创建新的图层并将其命名为"装饰点 1"。将前景色设为白色。选择画笔工具，在属性栏中单击"画笔预设"

右侧的■按钮，在弹出的画笔选择面板中选择刚定义好的点形状的画笔，如图 4-5 所示。

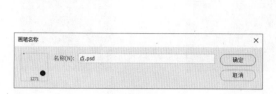

图 4-4

图 4-5

（4）在属性栏中单击"切换'画笔设置'面板"按钮■，弹出"画笔设置"控制面板，选择"形状动态"选项，切换到相应的面板中进行设置，如图 4-6 所示。选择"散布"选项，切换到相应的面板中进行设置，如图 4-7 所示。选择"传递"选项，切换到相应的面板中进行设置，如图 4-8 所示。

图 4-6

图 4-7

图 4-8

（5）在图像窗口中拖曳鼠标绘制装饰点，效果如图 4-9 所示。选择橡皮擦工具■，在属性栏中单击"画笔预设"右侧的■按钮，在弹出的画笔选择面板中选择需要的形状，如图 4-10 所示。在图像窗口中拖曳鼠标以擦除不需要的小圆点，效果如图 4-11 所示。

图 4-9

图 4-10

图 4-11

（6）选择"滤镜 > 模糊 > 高斯模糊"命令，在弹出的对话框中进行设置，如图 4-12 所示，单击"确定"按钮，效果如图 4-13 所示。用相同的方法绘制"装饰点 2"，效果如图 4-14 所示。美好生活公众号封面次图制作完成。

图 4-12

图 4-13

图 4-14

4.1.2　画笔工具

选择画笔工具 ✎，或反复按 Shift+B 组合键切换到该工具，其属性栏如图 4-15 所示。

图 4-15

🖌 ：可以选择和设置预设的画笔。

模式：可以选择绘画颜色与下面现有像素的混合模式。

不透明度：可以设定画笔颜色的不透明度。

🖉 ：可以对不透明度使用压力。

流量：用于设定喷笔压力，压力越大，喷色越浓。

🖋 ：启用喷枪模式。

平滑：设置画笔边缘的平滑度。

⚙ ：可以设置其他平滑选项。

🖉 ：使用压感笔压力，可以覆盖"画笔设置"控制面板中"不透明度"和"大小"的设置。

🦋 ：可以选择和设置绘画时的对称选项。

选择画笔工具 ✎，在属性栏中设置画笔，如图 4-16 所示，在图像窗口中按住鼠标左键不放，拖曳鼠标可以绘制出图 4-17 所示的效果。

图 4-16

图 4-17

在属性栏中单击"画笔预设"选项，弹出图 4-18 所示的画笔选择面板，可以在其中选择画笔形状。拖曳"大小"选项下方的滑块或直接输入数值，可以设置画笔的大小。如果选择的画笔是基于样本的，将显示"恢复到原始大小"按钮 ↺，单击此按钮，可以使画笔恢复到初始大小。

单击画笔选择面板右上方的 ⚙ 按钮，弹出下拉菜单，如图 4-19 所示。

新建画笔预设：用于建立新画笔。

新建画笔组：用于建立新的画笔组。

重命名 画笔：用于重新命名画笔。

删除 画笔：用于删除当前选中的画笔。

画笔名称：在画笔选择面板中显示画笔名称。

画笔描边：在画笔选择面板中显示画笔描边。

画笔笔尖：在画笔选择面板中显示画笔笔尖。

显示其他预设信息：在画笔选择面板中显示其他预设信息。

显示近期画笔：在画笔选择面板中显示近期使用过的画笔。

预设管理器：用于在弹出的"预设管理器"对话框中编辑画笔。

恢复默认画笔：用于恢复画笔的默认状态。

导入画笔：用于将存储的画笔载入面板。

导出选中的画笔：用于将选取的画笔导出。

获取更多画笔：用于在官网上获取更多的画笔形状。

转换后的旧版工具预设：将转换后的旧版工具预设画笔集恢复为画笔预设列表。

旧版画笔：将旧版的画笔集恢复为画笔预设列表。

在画笔选择面板中单击"从此画笔创建新的预设"按钮，弹出图 4-20 所示的"新建画笔"对话框。单击属性栏中的"切换'画笔设置'面板"按钮，弹出图 4-21 所示的"画笔设置"控制面板。

图 4-18　　　　　图 4-19　　　　　　　图 4-20　　　　　　　　图 4-21

4.1.3　铅笔工具

选择铅笔工具，或反复按 Shift+B 组合键切换到该工具，铅笔工具的属性栏如图 4-22 所示。

图 4-22

自动抹除：用于自动判断绘画时的起始点颜色，如果起始点颜色为背景色，则铅笔工具将以前景色绘制；反之，如果起始点颜色为前景色，则铅笔工具会以背景色绘制。

选择铅笔工具，在属性栏中选择笔触大小，勾选"自动抹除"复选框，如图 4-23 所示，此时绘制效果与单击的起始点颜色有关，当单击的起始点颜色与前景色相同时，铅笔工具 ✐ 将行使橡皮擦工具 ✐ 的功能，以背景色绘图；如果单击的起始点颜色不是前景色，绘图时仍然会以前景色绘制。

将前景色和背景色分别设定为黄色和橙色，在图像窗口中单击，画出一个黄色图形，在黄色图形上绘制下一个图形，用相同的方法继续绘制，效果如图 4-24 所示。

图 4-23　　　　　　　　　　　　　　　　　图 4-24

4.2　历史记录画笔工具的使用

历史记录画笔工具主要用于将图像恢复到某一历史状态，以形成特殊的图像效果。

4.2.1　课堂案例——制作浮雕画

📡 案例学习目标

学习使用"添加图层样式"按钮和历史记录艺术画笔工具制作浮雕画。

🔒 案例知识要点

使用历史记录艺术画笔工具制作涂抹效果，使用"色相/饱和度"命令和"颜色叠加"命令调整图片颜色，使用"去色"命令将图片去色，使用"浮雕效果"滤镜为图片添加浮雕效果，最终效果如图 4-25 所示。

微课视频

扫码观看
本案例视频

扩展阅读

图 4-25

◎ 效果所在位置

Ch04\效果\制作浮雕画.psd。

（1）按 Ctrl+O 组合键，打开云盘中的"Ch04 > 素材 > 制作浮雕画 > 01"文件，如图 4-26 所示。新建图层并将其命名为"黑色块"。将前景色设为黑色。按 Alt+Delete 组合键，用前景色填充图层。在"图层"控制面板上方，将"黑色块"图层的"不透明度"设为 80%，如图 4-27 所示；按

Enter 键确定操作，图像效果如图 4-28 所示。

图 4-26

图 4-27

图 4-28

（2）新建图层并将其命名为"油画"。选择历史记录艺术画笔工具 ，在属性栏中将"不透明度"设为 85%，单击"画笔预设"选项右侧的 按钮，弹出画笔选择面板，将"大小"设为 15 像素，属性栏中的设置如图 4-29 所示。在图像窗口中拖曳鼠标以绘制图形，直到笔刷铺满图像窗口，效果如图 4-30 所示。

图 4-29

图 4-30

（3）选择"图像 > 调整 > 色相/饱和度"命令，在弹出的对话框中进行设置，如图 4-31 所示。单击"确定"按钮，效果如图 4-32 所示。

（4）将"油画"图层拖曳到"图层"控制面板下方的"创建新图层"按钮 上进行复制，生成新的图层并将其命名为"浮雕"，如图 4-33 所示。选择"图像 > 调整 > 去色"命令，去除图像颜色，效果如图 4-34 所示。

图 4-31

图 4-32

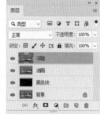
图 4-33

图 4-34

（5）在"图层"控制面板上方，将"浮雕"图层的混合模式选项设为"叠加"，如图 4-35 所示，图像效果如图 4-36 所示。

（6）选择"滤镜 > 风格化 > 浮雕效果"命令，在弹出的对话框中进行设置，如图 4-37 所示。单击"确定"按钮，效果如图 4-38 所示。

图 4-35　　　　　　　图 4-36　　　　　　　图 4-37　　　　　　　图 4-38

（7）单击"图层"控制面板下方的"添加图层样式"按钮 fx，在弹出的菜单中选择"颜色叠加"命令。弹出对话框，将叠加颜色设为浅蓝色（222、248、255），其他选项的设置如图 4-39 所示，单击"确定"按钮，图像效果如图 4-40 所示。浮雕画制作完成。

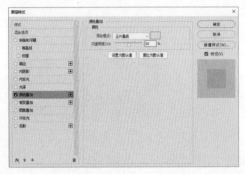

图 4-39　　　　　　　　　　　　　　　　　　图 4-40

4.2.2　历史记录画笔工具

历史记录画笔工具是与"历史记录"控制面板结合起来使用的，主要用于将图像的部分区域恢复到某一历史状态，以形成特殊的图像效果。

打开一幅图像，如图 4-41 所示。为图片添加滤镜效果，如图 4-42 所示。"历史记录"控制面板如图 4-43 所示。

图 4-41　　　　　　　图 4-42　　　　　　　图 4-43

选择椭圆选框工具 ○，在属性栏中将"羽化"设为 50 像素，在图像上绘制椭圆选区，如图 4-44 所示。选择历史记录画笔工具 ✐，在"历史记录"控制面板中单击"打开"步骤左侧的方框，设置历史记录画笔的源，其左侧方框中会显示 ✐ 图标，如图 4-45 所示。

用历史记录画笔工具 ✐ 在选区中涂抹，如图 4-46 所示。取消选区后的效果如图 4-47 所示。"历史记录"控制面板如图 4-48 所示。

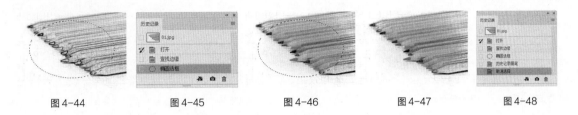

图 4-44　　　　　　图 4-45　　　　　　图 4-46　　　　　　图 4-47　　　　　　图 4-48

4.2.3　历史记录艺术画笔工具

历史记录艺术画笔工具和历史记录画笔工具的用法基本相同，区别在于使用历史记录艺术画笔绘图时可以产生艺术效果。

选择历史记录艺术画笔工具 ，其属性栏如图 4-49 所示。

图 4-49

样式：用于选择艺术笔触。

区域：用于设置画笔绘制时所覆盖的像素范围。

容差：用于设置画笔绘制时的间隔时间。

打开一幅图像，如图 4-50 所示。用颜色填充图像，效果如图 4-51 所示。"历史记录"控制面板如图 4-52 所示。

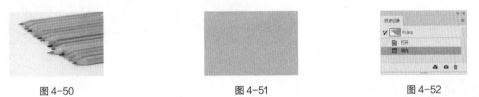

图 4-50　　　　　　　　　图 4-51　　　　　　　　　图 4-52

在"历史记录"控制面板中单击"打开"步骤左侧的方框，设置历史记录画笔的源，其左侧的方框中会显示 图标，如图 4-53 所示。选择历史记录艺术画笔工具 ，在属性栏中进行设置，如图 4-54 所示。

图 4-53　　　　　　　　　　　　　　图 4-54

使用历史记录艺术画笔工具 在图像上涂抹，效果如图 4-55 所示。"历史记录"控制面板如图 4-56 所示。

图 4-55　　　　　　　　　　　　　图 4-56

4.3	填充工具的使用

使用渐变工具可以创建多种颜色的渐变效果。使用油漆桶工具可以改变图像的色彩。使用吸管工具可以吸取需要的色彩。

4.3.1　课堂案例——绘制备忘录图标

案例学习目标

学习使用绘图工具和渐变工具绘制备忘录图标。

案例知识要点

使用圆角矩形工具、矩形工具和钢笔工具绘制图标，使用渐变工具创建渐变效果，最终效果如图 4-57 所示。

图 4-57

效果所在位置

Ch04\效果\绘制备忘录图标.psd。

（1）按 Ctrl+N 组合键，弹出"新建文档"对话框，设置宽度为 6.5 厘米，高度为 6.5 厘米，分辨率为 3000 像素/英寸，颜色模式为 RGB 颜色，背景内容为白色，单击"创建"按钮，新建一个文件。

（2）选择渐变工具 ■，单击属性栏中的"点按可编辑渐变"按钮 ■■■■■ ↓，弹出"渐变编辑器"对话框，将渐变色设为从灰色（104、104、104）到白色，如图 4-58 所示，单击"确定"按钮。单击属性栏中的"径向渐变"按钮 ■，勾选"反向"复选框，在图像窗口中从中心向左上方拖曳鼠标以填充渐变色，松开鼠标，效果如图 4-59 所示。

（3）将前景色设为白色。选择圆角矩形工具 ■，将属性栏中的"选择工具模式"设为"形状"，"半径"设为 80 像素，按住 Shift 键的同时，在图像窗口中绘制圆角矩形，效果如图 4-60 所示，"图层"控制面板中生成新图层"圆角矩形 1"，如图 4-61 所示。

（4）新建图层并将其命名为"图形"。选择钢笔工具 ■，将属性栏中的"选择工具模式"设为"路径"，在图像窗口中绘制不规则图形，如图 4-62 所示。按 Ctrl+Enter 组合键，将路径转换为选区，如图 4-63 所示。

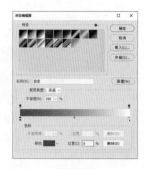

图 4-58

图 4-59

图 4-60

图 4-61

图 4-62

图 4-63

（5）选择渐变工具 ，单击属性栏中的"点按可编辑渐变"按钮 ，弹出"渐变编辑器"对话框，将渐变色设为从浅红色（235、65、85）到深红色（160、0、18），如图 4-64 所示，单击"确定"按钮。单击属性栏中的"线性渐变"按钮 ，取消勾选"反向"复选框，在选区中从左向右水平拖曳鼠标以填充渐变色。取消选区后，图像效果如图 4-65 所示。

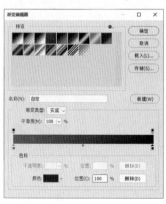

图 4-64

图 4-65

（6）将前景色设为红色（199、45、60）。选择矩形工具 ，将属性栏中的"选择工具模式"设为"形状"，在图像窗口中绘制矩形，如图 4-66 所示，"图层"控制面板中生成新的图层"矩形 1"。

（7）在"图层"控制面板中，将"图形"图层拖曳到"矩形 1"图层的上方，如图 4-67 所示，图像效果如图 4-68 所示。

（8）选择"文件 > 置入嵌入对象"命令，弹出"置入嵌入的对象"对话框，选择本书云盘中的"Ch04 > 素材 > 绘制备忘录图标 > 01"文件，单击"置入"按钮，图像窗口中将出现变换框，如图 4-69 所示，按 Enter 键确定操作，效果如图 4-70 所示，"图层"控制面板中生成新图层，将其命名为"装饰"，如图 4-71 所示。

图 4-66

图 4-67

图 4-68

图 4-69

图 4-70

图 4-71

（9）新建图层并将其命名为"绿条"。选择矩形选框工具 □，在图像窗口中绘制选区，如图 4-72 所示。选择渐变工具 ■，单击属性栏中的"点按可编辑渐变"按钮 ■，弹出"渐变编辑器"对话框，在"位置"选项中分别输入 10、100，再分别设置两个位置点颜色的 RGB 值为 10（147、209、174）、100（0、163、71），如图 4-73 所示，单击"确定"按钮。在选区中从上向下垂直拖曳出渐变色。按 Ctrl+D 组合键，取消选区，图像效果如图 4-74 所示。

图 4-72

图 4-73

图 4-74

（10）用上述的方法再次绘制 3 个矩形选区，并分别填充相应的渐变色，效果如图 4-75 所示。按住 Shift 键的同时，在"图层"控制面板中选中需要的图层，如图 4-76 所示。按 Shift+Ctrl+] 组合键，将选中的图层调整至最顶层，如图 4-77 所示，图像效果如图 4-78 所示。备忘录图标绘制完成。

图 4-75

图 4-76

图 4-77

图 4-78

4.3.2 油漆桶工具

选择油漆桶工具 ◇，或反复按 Shift+G 组合键切换到该工具，油漆桶工具的属性栏如图 4-79 所示。

图 4-79

前景 ∨：在其下拉列表中选择填充的是前景色还是图案。

/：用于选择定义好的图案。

模式：用于选择着色的模式。

不透明度：用于设定不透明度。

容差：用于设定色差范围，数值越小，容差越小，填充的区域也越小。

消除锯齿：用于消除边缘锯齿。

连续的：用于设定填充方式。

所有图层：用于选择是否对所有可见图层进行填充。

打开一幅图像，选择油漆桶工具 ◇，在其属性栏中对"容差"选项进行不同的设置，如图 4-80 和图 4-81 所示，用油漆桶工具在图像中填充颜色，填充效果分别如图 4-82 和图 4-83 所示。

图 4-80

图 4-81

图 4-82

图 4-83

在油漆桶工具的属性栏中设置图案，如图 4-84 所示，使用油漆桶工具在图像中填充图案，效果如图 4-85 所示。

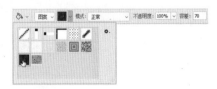

图 4-84

图 4-85

4.3.3 吸管工具

选择吸管工具 ✐，或反复按 Shift+I 组合键切换到该工具，吸管工具属性栏如图 4-86 所示。

图 4-86

打开一幅图像，选择吸管工具 ，在图像中适当的位置单击，当前的前景色将变为吸取的颜色，在"信息"控制面板中可以查看吸取颜色的相关信息，效果如图 4-87 所示。

图 4-87

4.3.4　渐变工具

选择渐变工具 ，或反复按 Shift+G 组合键切换到该工具，渐变工具属性栏如图 4-88 所示。

图 4-88

：用于选择和编辑渐变颜色。

：用于选择渐变类型，包括线性渐变、径向渐变、角度渐变、对称渐变、菱形渐变。

反向：用于反向产生色彩渐变的效果。

仿色：用于使渐变效果更平滑。

透明区域：用于产生不透明度。

单击"点按可编辑渐变"按钮 ，弹出"渐变编辑器"对话框，如图 4-89 所示，可以在其中自定义渐变形式和色彩。

在"渐变编辑器"对话框中，单击颜色编辑框下方的适当位置，可以增加颜色色标，如图 4-90 所示。在下方的"颜色"选项中选择颜色，或双击刚建立的颜色色标，弹出"拾色器（色标颜色）"对话框，如图 4-91 所示，在其中设置颜色，单击"确定"按钮，即可改变色标颜色。在"位置"数值框中输入数值或直接拖曳颜色色标，可以调整色标位置。

任意选择一个颜色色标，如图 4-92 所示，单击对话框下方的 删除(D) 按钮，或按 Delete 键，可以将颜色色标删除，如图 4-93 所示。

图 4-89

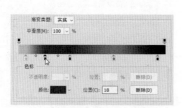

图 4-90

图 4-91

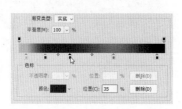

图 4-92

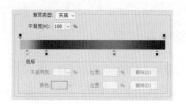

图 4-93

单击颜色编辑框左上方的黑色色标，如图 4-94 所示，调整"不透明度"的数值，可以使开始的颜色到结束的颜色显示为半透明的效果，如图 4-95 所示。

单击颜色编辑框的上方，出现新的色标，如图 4-96 所示，调整"不透明度"的数值，可以使新色标的颜色向两边的颜色以半透明的效果过渡，如图 4-97 所示。

图 4-94

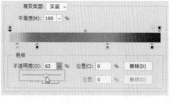

图 4-95

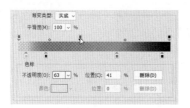

图 4-96

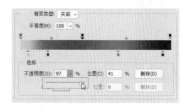

图 4-97

4.4 "填充"命令的使用

使用"填充"命令和"定义图案"命令可以为图像添加颜色和定义好的图案效果，使用"描边"命令可以为图像描边。

4.4.1 课堂案例——制作女装活动页 H5 首页

案例学习目标

学习使用"描边"命令为选区添加描边。

案例知识要点

使用矩形选框工具和"描边"命令制作黑色边框，使用移动工具移动图像，使用横排文字工具、"字符"控制面板添加文字信息，效果如图 4-98 所示。

效果所在位置

Ch04\效果\制作女装活动页 H5 首页.psd。

图 4-98

（1）按 Ctrl+O 组合键，打开云盘中的"Ch04 > 素材 > 制作女装活动页 H5 首页 > 01~03"文件。选择移动工具 ⊕，分别将"02""03"图片拖曳到"01"图像窗口中适当的位置并调整它们的大小，图像效果如图 4-99 所示，"图层"控制面板中分别生成新图层，将它们命名为"人物 1"和"人物 2"，如图 4-100 所示。

（2）选择"背景"图层。新建图层并将其命名为"矩形"。将前景色设为白色。选择矩形选框工具 □，在图像窗口中拖曳鼠标以绘制矩形选区，如图 4-101 所示。按 Alt+Delete 组合键，用前景色填充选区。选中"人物 1"图层，按 Alt+Ctrl+G 组合键，为"人物 1"图层创建剪贴蒙版，效果如图 4-102 所示。

| 图 4-99 | 图 4-100 | 图 4-101 | 图 4-102 |

（3）新建图层并将其命名为"黑色边框"。选择"编辑 > 描边"命令，在弹出的对话框中进行设置，如图 4-103 所示，单击"确定"按钮，为选区添加描边。按 Ctrl+D 组合键，取消选区，效果如图 4-104 所示。

（4）选择"人物 2"图层。单击"图层"控制面板下方的"创建新的填充或调整图层"按钮 ◉，在弹出的菜单中选择"色相/饱和度"命令，"图层"控制面板中生成"色相/饱和度 1"图层，同时弹出"色相/饱和度"面板，单击"此调整影响下面的所有图层"按钮 ↩ 使其显示为"此调整剪切到此图层"按钮 ↩，其他选项的设置如图 4-105 所示；按 Enter 键确定操作，效果如图 4-106 所示。

图 4-103   图 4-104   图 4-105   图 4-106

（5）再次单击"图层"控制面板下方的"创建新的填充或调整图层"按钮 ，在弹出的菜单中选择"色阶"命令，"图层"控制面板中生成"色阶 1"图层，同时弹出"色阶"面板，单击"此调整影响下面的所有图层"按钮 使其显示为"此调整剪切到此图层"按钮，其他选项的设置如图 4-107 所示，按 Enter 键确定操作，效果如图 4-108 所示。

（6）选择"黑色边框"图层。选择横排文字工具 T，在图像窗口中输入需要的文字，选取文字，"图层"控制面板中生成新的文字图层。按 Ctrl+T 组合键，弹出"字符"控制面板，将"颜色"选项设为绿色（61、204、138），其他选项的设置如图 4-109 所示，按 Enter 键确定操作，图像效果如图 4-110 所示。

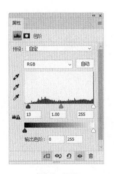

图 4-107   图 4-108   图 4-109   图 4-110

（7）单击"图层"控制面板下方的"添加图层样式"按钮 fx，在弹出的菜单中选择"描边"命令，弹出对话框，将描边颜色设为黑色，其他选项的设置如图 4-111 所示。选择"投影"选项，切换到相应的面板，各选项的设置如图 4-112 所示，单击"确定"按钮，效果如图 4-113 所示。

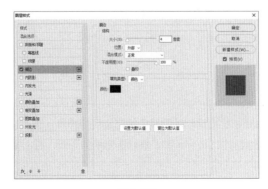

图 4-111

（8）选择最上方的图层。按 Ctrl+O 组合键，打开云盘中的"Ch04 > 素材 > 制作女装活动页 H5 首页 > 04"文件。选择移动工具 ⊕，将文字图片拖曳到"01"图像窗口中适当的位置，效果如图 4-114 所示，"图层"控制面板中生成新图层，将其命名为"文字"。女装活动页 H5 首页制作完成。

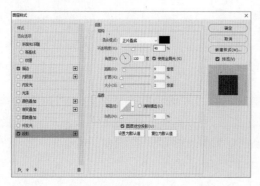

图 4-112   图 4-113   图 4-114

4.4.2 "填充"命令

1. "填充"对话框

选择"编辑 > 填充"命令，弹出"填充"对话框，如图 4-115 所示。

内容：用于选择填充内容，包括前景色、背景色、颜色、内容识别、图案、历史记录、黑色、50%灰色、白色。

混合：用于设置填充的模式和不透明度。

2. 填充颜色

打开一幅图像，在图像窗口中绘制出选区，如图 4-116 所示。选择"编辑 > 填充"命令，弹出"填充"对话框，各选项的设置如图 4-117 所示，单击"确定"按钮，效果如图 4-118 所示。

图 4-115

图 4-116   图 4-117   图 4-118

按 Alt+Delete 组合键，用前景色填充选区或图层。按 Ctrl+Delete 组合键，用背景色填充选区或图层。按 Delete 键，删除选区中的图像，露出背景色或下面的图像。

4.4.3 "定义图案"命令

打开一幅图像,在图像窗口中绘制出选区,如图 4-119 所示。选择"编辑 > 定义图案"命令,弹出"图案名称"对话框,如图 4-120 所示,单击"确定"按钮,定义图案。按 Ctrl+D 组合键,取消选区。

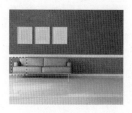

图 4-119

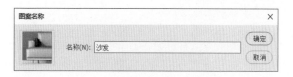

图 4-120

选择"编辑 > 填充"命令,弹出"填充"对话框,将"内容"设为"图案",在"自定图案"选项面板中选择新定义的图案,如图 4-121 所示,单击"确定"按钮,效果如图 4-122 所示。

在"填充"对话框的"模式"选项中选择不同的填充模式,如图 4-123 所示,单击"确定"按钮,效果如图 4-124 所示。

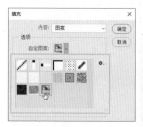

图 4-121

图 4-122

图 4-123

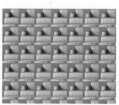

图 4-124

4.4.4 "描边"命令

1."描边"对话框

选择"编辑 > 描边"命令,弹出"描边"对话框,如图 4-125 所示。

描边:用于设置描边的宽度和颜色。

位置:用于设置描边相对于边缘的位置,包括内部、居中和居外 3 个选项。

混合:用于设置描边的模式和不透明度。

2.描边颜色

打开一幅图像,在图像窗口中绘制出选区,如图 4-126 所示。选择"编辑 > 描边"命令,弹出"描边"对话框,各选项的设置如图 4-127 所示,单击"确定"按钮,对选区进行描边。取消选区后,效果如图 4-128 所示。

在"描边"对话框的"模式"选项中选择需要的描边模式,如图 4-129 所示,单击"确定"按

图 4-125

钮，对选区进行描边。取消选区后，效果如图 4-130 所示。

图 4-126

图 4-127

图 4-128

图 4-129

图 4-130

课堂练习——制作欢乐假期宣传海报插画

🔗 练习知识要点

使用矩形选框工具调整选区，使用"定义画笔预设"命令存储形状，使用画笔工具绘制形状，效果如图 4-131 所示。

图 4-131

微课视频

扫码观看
本案例视频

◎ 效果所在位置

Ch04\效果\制作欢乐假期宣传海报插画.psd。

课后习题——制作摄影摄像类公众号封面首图

 习题知识要点

使用渐变工具制作彩虹，使用橡皮擦工具和"不透明度"选项制作渐隐效果，使用混合模式选项改变彩虹的颜色，效果如图 4-132 所示。

图 4-132

微课视频

扫码观看
本案例视频

效果所在位置

Ch04\效果\制作摄影摄像类公众号封面首图.psd。

05 第 5 章
修饰图像

本章介绍

　　本章主要介绍 Photoshop 中修饰图像的使用方法与使用技巧。通过对本章的学习，读者可以了解和掌握修饰图像的基本方法与操作技巧，应用相关工具快速地仿制图像、修复污点、消除红眼，以及把有缺陷的图像修复完整。

学习目标

✔ 熟练掌握修复与修补工具的使用方法。
✔ 掌握修饰工具的使用技巧。
✔ 了解橡皮擦工具的使用技巧。

技能目标

✔ 掌握"修复人物照片"的方法。
✔ 掌握"为茶具添加水墨画"的方法。
✔ 掌握"头戴式耳机海报"的制作方法。

素养目标

✔ 培养勇于尝试和乐于实践的意识。
✔ 培养善于思考、勤于练习的自主学习意识。
✔ 培养能够正确表达自己意见的沟通能力。

5.1 修复与修补工具的使用

修复与修补工具用于对图像的细微部分进行修整，是在处理图像时不可缺少的工具。

5.1.1 课堂案例——修复人物照片

案例学习目标

学习使用仿制图章工具清除图像中多余的碎发。

案例知识要点

使用仿制图章工具清除照片中多余的碎发，效果如图 5-1 所示。

微课视频

扫码观看
本案例视频

扩展阅读

图 5-1

效果所在位置

Ch05\效果\修复人物照片.psd。

（1）按 Ctrl+O 组合键，打开云盘中的"Ch05 > 素材 > 修复人物照片 > 01"文件，如图 5-2 所示。将"背景"图层拖曳到"图层"控制面板下方的"创建新图层"按钮 上进行复制，生成新的图层"背景 拷贝"，如图 5-3 所示。

（2）选择缩放工具 ，将图像的局部放大。选择仿制图章工具 ，在属性栏中单击"画笔预设"右侧的 按钮，在弹出的画笔选择面板中选择需要的画笔形状，其他选项的设置如图 5-4 所示。

图 5-2

图 5-3

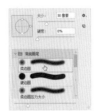

图 5-4

（3）将鼠标指针放置到图像中需要复制的位置，按住 Alt 键的同时，鼠标指针由"仿制图章"图标变为圆形十字图标 ，如图 5-5 所示。单击确定取样点，在图像窗口中需要清除的位置多次单击，清除图像中多余的碎发，效果如图 5-6 所示。使用相同的方法，清除图像中的其他部位多余的碎发，图像效果如图 5-7 所示。人物照片修复完成。

图 5-5　　　　　　　　　　　图 5-6　　　　　　　　　　　图 5-7

5.1.2　修复画笔工具

修复画笔工具可以将取样点的像素非常自然地复制到图像的破损位置，并保留图像的亮度、饱和度、纹理等属性，其修复的效果非常自然、逼真。

选择修复画笔工具 ，或反复按 Shift+J 组合键切换到该工具，修复画笔工具的属性栏如图 5-8 所示。

图 5-8

：可以选择和设置用于修复的画笔。单击右侧的下拉按钮，在弹出的面板中可以设置画笔的大小、硬度、间距、角度、圆度和压力大小，如图 5-9 所示。

模式：可以选择复制像素或填充图案与底图的混合模式。

源：可以设置修复区域的源。单击"取样"按钮后，按住 Alt 键，鼠标指针变为圆形十字图标，单击确定取样点，松开 Alt 键，在图像中要修复的位置按住鼠标左键不放，拖曳鼠标即可复制出取样点处的图像；单击"图案"按钮后，可以在右侧的选项中选择图案或自定义图案来填充图像。

对齐：勾选此复选框，下一次的复制位置会和上次的完全重合，图像不会因为重新复制而出现错位。

图 5-9

样本：可以选择样本的取样图层。

：可以在修复时忽略调整图层。

扩散：可以调整扩散的程度。

打开一幅图像。选择修复画笔工具 ，在适当的位置单击确定取样点，如图 5-10 所示，在要修复的区域单击，修复局部图像，如图 5-11 所示。用相同的方法修复剩余图像，效果如图 5-12 所示。

图 5-10　　　　　　　　　　　图 5-11　　　　　　　　　　　图 5-12

单击属性栏中的"切换仿制源面板"按钮，弹出"仿制源"控制面板，如图 5-13 所示。

仿制源：激活该按钮后，按住 Alt 键的同时，使用修复画笔工具在图像中单击可以设置取样点。单击下一个"仿制源"按钮，还可以继续取样。

源：指定 x 轴和 y 轴上的像素位移，可以在相对于取样点的精确位置进行仿制。

W/H：可以缩放仿制的源。

旋转：在文本框中输入旋转角度，可以旋转仿制的源。

翻转：单击"水平翻转"按钮或"垂直翻转"按钮，可以水平或垂直翻转仿制源。

复位变换：将 W、H、角度值和翻转方向恢复到默认的状态。

显示叠加：勾选此复选框并设置了叠加方式后，在使用修复工具时，可以更好地查看叠加效果及下面的图像。

不透明度：用来设置叠加图像的不透明度。

已剪切：可以将仿制源剪切并叠加到当前画笔。

自动隐藏：可以在应用绘画描边时隐藏叠加。

反相：可以反相叠加颜色。

图 5-13

5.1.3　污点修复画笔工具

污点修复画笔工具的工作方式与修复画笔工具相似，都是使用图像中的样本像素进行绘画，并将样本像素的纹理、光照、透明度和阴影与所修复的像素进行匹配。两者的区别在于，污点修复画笔工具不需要设置样本点，而是自动从所修复区域的周围取样。

选择污点修复画笔工具，或反复按 Shift+J 组合键切换到该工具，污点修复画笔工具的属性栏如图 5-14 所示。

图 5-14

选择污点修复画笔工具，在属性栏中进行设置，如图 5-15 所示。打开一幅图像，如图 5-16 所示。单击确定取样点，在要修复的污点图像上按住并拖曳鼠标，如图 5-17 所示，释放鼠标，污点被去除，效果如图 5-18 所示。

图 5-15

图 5-16　　　　　　　　图 5-17　　　　　　　　图 5-18

5.1.4 修补工具

修补工具可以用图像的其他区域来修补当前选中的区域，也可以使用图案来修补当前选中的区域。选择修补工具 ⊕，或反复按 Shift+J 组合键切换到该工具，修补工具的属性栏如图 5-19 所示。

图 5-19

选择修补工具 ⊕，圈选图像中需要修补的区域，如图 5-20 所示。在属性栏中单击"源"按钮，在选区中按住鼠标左键不放，将选区拖曳到需要的位置，如图 5-21 所示。释放鼠标，选区中的图像被新位置的图像所修补，如图 5-22 所示。

图 5-20   图 5-21   图 5-22

选择修补工具 ⊕，圈选图像中的区域，如图 5-23 所示。在属性栏中单击"目标"按钮，将选区拖曳到要修补的图像区域，如图 5-24 所示。圈选的图像修补了茶杯图像，如图 5-25 所示。

图 5-23   图 5-24   图 5-25

选择修补工具 ⊕，圈选图像中的区域，如图 5-26 所示。在属性栏的 ⟋ 选项中选择需要的图案，如图 5-27 所示。单击"使用图案"按钮，在选区中填充所选图案，效果如图 5-28 所示。

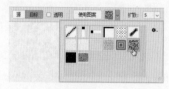

图 5-26   图 5-27   图 5-28

选择修补工具 ⊕，圈选图像中的区域，如图 5-29 所示。在属性栏中选择需要的图案，勾选"透明"复选框，如图 5-30 所示。单击"使用图案"按钮，在选区中填充透明图案，效果如图 5-31 所示。

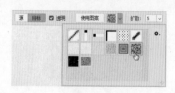

图 5-29   图 5-30   图 5-31

5.1.5　内容感知移动工具

内容感知移动工具可以将选中的对象移动或扩展到图像的其他区域进行重组或混合，从而产生不一样的视觉效果。

选择内容感知移动工具 ✖，或反复按 Shift+J 组合键切换到该工具，其属性栏如图 5-32 所示。

图 5-32

模式：用于选择重新混合的模式。

结构：用于设置选择区域保留的严格程度。

颜色：用于调整可修改的源颜色的程度。

投影时变换：勾选此复选框，可以在制作混合效果时变换图像。

打开一幅图像。选择内容感知移动工具 ✖，在属性栏中将"模式"设为"移动"，在图像窗口中拖曳鼠标以绘制选区，如图 5-33 所示。将鼠标指针放置在选区中，按住并向右拖曳鼠标，如图 5-34 所示。释放鼠标后，软件自动将选区中的图像移动到新位置，新位置的图像周围会出现变换框，可用来变换图像，如图 5-35 所示。按 Enter 键确定操作，原位置的图像被周围的图像自动修复，取消选区后，效果如图 5-36 所示。

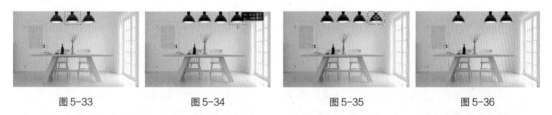

图 5-33　　　　　　图 5-34　　　　　　图 5-35　　　　　　图 5-36

打开一幅图像。选择内容感知移动工具 ✖，在属性栏中将"模式"设为"扩展"，在图像窗口中拖曳鼠标以绘制选区，如图 5-37 所示。将鼠标指针放置在选区中，按住并向右拖曳鼠标，如图 5-38 所示。释放鼠标后，软件自动将选区中的图像复制并移动到新位置，新位置的图像周围会出现变换框，可用来变换图像，如图 5-39 所示。按 Enter 键确定操作，取消选区后，效果如图 5-40 所示。

图 5-37　　　　　　图 5-38　　　　　　图 5-39　　　　　　图 5-40

5.1.6　红眼工具

红眼工具常用来去除用闪光灯拍摄的人物照片中的红眼和白色、绿色反光。

选择红眼工具 ✚◉，或反复按 Shift+J 组合键切换到该工具，红眼工具的属性栏如图 5-41 所示。

图 5-41

瞳孔大小：用于设置瞳孔的大小。

变暗量：用于设置瞳孔的暗度。

打开一张人物照片，如图 5-42 所示。选择红眼工具 ，在属性栏中进行设置，如图 5-43 所示。在照片中瞳孔的位置单击，如图 5-44 所示。去除照片中的红眼，效果如图 5-45 所示。

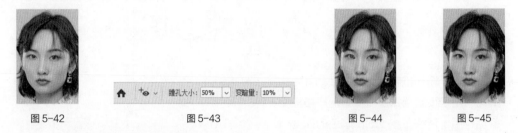

图 5-42   图 5-43   图 5-44   图 5-45

5.1.7 仿制图章工具

仿制图章工具可以以指定的像素点为复制基准点，将其周围的图像复制到其他位置。

选择仿制图章工具 ，或反复按 Shift+S 组合键切换到该工具，仿制图章工具的属性栏如图 5-46 所示。

图 5-46

流量：用于设定扩散的速度。

对齐：用于控制是否在复制时使用对齐功能。

打开一幅图像，选择仿制图章工具 ，将鼠标指针放置在图像中需要复制的位置，按住 Alt 键，鼠标指针变为圆形十字图标 ，如图 5-47 所示，单击确定取样点。在适当的位置按住鼠标左键不放，拖曳鼠标复制出取样点处的图像，效果如图 5-48 所示。

图 5-47   图 5-48

5.1.8 图案图章工具

选择图案图章工具 ，或反复按 Shift+S 组合键切换到该工具，图案图章属性栏如图 5-49 所示。

图 5-49

在要定义为图案的图像上绘制选区，如图 5-50 所示。选择"编辑 > 定义图案"命令，弹出"图案名称"对话框，具体设置如图 5-51 所示，单击"确定"按钮，定义选区中的图像为图案 1。

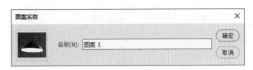

图 5-50

图 5-51

选择图案图章工具 ，在属性栏中选择定义好的图案，如图 5-52 所示。按 Ctrl+D 组合键，取消选区。在适当的位置按住鼠标左键不放，拖曳鼠标复制出定义好的图案，效果如图 5-53 所示。

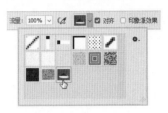

图 5-52

图 5-53

5.1.9　颜色替换工具

使用颜色替换工具能够替换图像中的特定颜色，但不适合用于位图、索引或多通道颜色模式的图像。

选择颜色替换工具，其属性栏如图 5-54 所示。

图 5-54

打开一幅图像，如图 5-55 所示。在"颜色"控制面板中设置前景色，如图 5-56 所示。在"色板"控制面板中单击"创建前景色的新色板"按钮，弹出对话框，单击"确定"按钮，将设置的前景色存储在控制面板中，如图 5-57 所示。

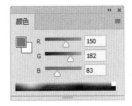
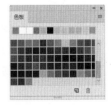

图 5-55

图 5-56

图 5-57

选择颜色替换工具，在属性栏中进行设置，如图 5-58 所示。在图像中需要上色的区域直接涂抹进行上色，效果如图 5-59 所示。

图 5-58

图 5-59

5.2　修饰工具的使用

修饰工具用于对图像进行修饰，可使图像产生不同的变化效果。

5.2.1　课堂案例——为茶具添加水墨画

案例学习目标

学习使用修饰工具为茶具添加水墨画。

案例知识要点

使用减淡工具、加深工具和模糊工具为茶具添加水墨画，效果如图 5-60 所示。

图 5-60

微课视频

扫码观看
本案例视频

扩展阅读

效果所在位置

Ch05\效果\为茶具添加水墨画.psd。

（1）按 Ctrl+O 组合键，打开云盘中的"Ch05 > 素材 > 为茶具添加水墨画 > 01、02"文件。选择"01"图像窗口，选择钢笔工具 ⌀，在属性栏的"选择工具模式"中选择"路径"选项，在图像窗口中沿着茶壶轮廓绘制路径，如图 5-61 所示。

（2）按 Ctrl+Enter 组合键，将路径转换为选区，如图 5-62 所示。按 Ctrl+J 组合键，复制选区中的图像，"图层"控制面板中生成新的图层，将其命名为"茶壶"，如图 5-63 所示。

（3）选择移动工具 ⊹，将"02"图片拖曳到"01"图像窗口中适当的位置，如图 5-64 所示，"图层"控制面板中生成新的图层，将其命名为"水墨画"。在控制面板上方，将该图层的混合模式选项设为"正片叠底"，如图 5-65 所示，图像效果如图 5-66 所示。按 Alt+Ctrl+G 组合键，为图层创建剪贴蒙版，图像效果如图 5-67 所示。

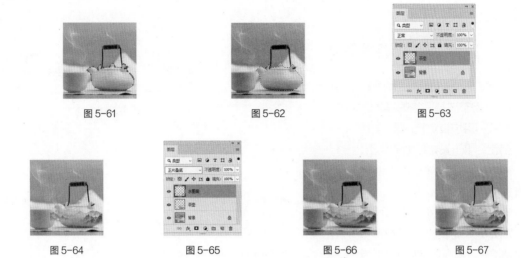

图 5-61   图 5-62   图 5-63

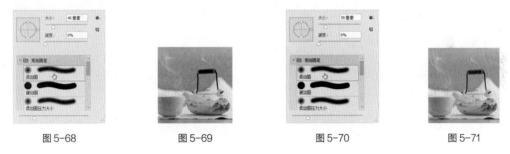

图 5-64   图 5-65   图 5-66   图 5-67

（4）选择减淡工具，在属性栏中单击"画笔预设"右侧的按钮，在弹出的画笔选择面板中选择需要的画笔形状，其他选项的设置如图 5-68 所示，在图像窗口中进行涂抹以弱化水墨画的边缘，效果如图 5-69 所示。

（5）选择加深工具，在属性栏中单击"画笔预设"右侧的按钮，在弹出的画笔选择面板中选择需要的画笔形状，其他选项的设置如图 5-70 所示，在图像窗口中进行涂抹以调暗水墨画暗部，图像效果如图 5-71 所示。

图 5-68   图 5-69   图 5-70   图 5-71

（6）选择模糊工具，在属性栏中单击"画笔预设"右侧的按钮，在弹出的画笔选择面板中选择需要的画笔形状，其他选项的设置如图 5-72 所示，在图像窗口中拖曳鼠标以模糊图像，效果如图 5-73 所示。到此，成功为茶具添加水墨画。

图 5-72   图 5-73

5.2.2　模糊工具

使用模糊工具可以使图像的色彩变模糊。

模糊工具 ▲ 的属性栏如图 5-74 所示。

图 5-74

▲：用于选择画笔的形状。

模式：用于设定绘画模式。

强度：用于设定压力的大小。

对所有图层取样：用于设置工具是否对所有可见图层起作用。

选择模糊工具 ▲，在属性栏中进行设置，如图 5-75 所示。在图像窗口中按住鼠

图 5-75

标左键不放，拖曳鼠标使图像产生模糊效果。原图和模糊后的图像效果如图 5-76 所示。

原图　　　　　　　　　　　　　模糊后的效果

图 5-76

5.2.3　锐化工具

使用锐化工具可以使图像的色彩感变强。

锐化工具 △ 的属性栏如图 5-77 所示。

图 5-77

选择锐化工具 △，在属性栏中进行设置，如图 5-78 所示。在图像窗口中按住鼠标左键不放，拖曳鼠标使图像产生锐化效果。原图和锐化后的图像效果如图 5-79 所示。

图 5-78

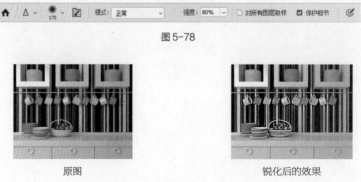

原图　　　　　　　　　　　　　锐化后的效果

图 5-79

5.2.4　涂抹工具

使用涂抹工具可以使图像产生涂抹效果。

涂抹工具 的属性栏如图 5-80
所示。

图 5-80

手指绘画：用于设定是否以前景色
进行涂抹。

选择涂抹工具 ，在属性栏中进
行设置，如图 5-81 所示。在图像窗口

图 5-81

中按住鼠标左键不放，拖曳鼠标使图像产生涂抹效果。原图和涂抹后的图像效果如图 5-82 所示。

原图　　　　　　　　　　　　　　　涂抹后的效果

图 5-82

5.2.5　减淡工具

使用减淡工具可以提高图像的亮度。

选 择 减 淡 工 具 ，或 反 复 按
Shift+O 组合键切换到该工具，减淡工
具的属性栏如图 5-83 所示。

图 5-83

范围：用于设定图像中需要提高亮
度的区域。

曝光度：用于设定曝光的强度。

选择减淡工具 ，在属性栏中进行设置，如图 5-84 所示。在图像窗口中按住鼠标左键不放，
拖曳鼠标使图像产生减淡效果。原图和减淡后的图像效果如图 5-85 所示。

图 5-84

原图　　　　　　　　　　　　　　　减淡后的效果

图 5-85

5.2.6　加深工具

使用加深工具可以使图像的部分区域加深。

选择加深工具 ◉.，或反复按
Shift+O 组合键切换到该工具，加深
工具的属性栏如图 5-86 所示。

图 5-86

选择加深工具 ◉.，在属性栏中进

行设置，如图 5-87 所示。在图像窗口中按住鼠标左键不放，拖曳鼠标使图像产生加深效果。原图和
加深后的图像效果如图 5-88 所示。

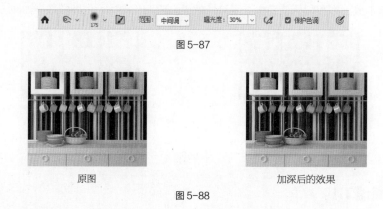

图 5-87

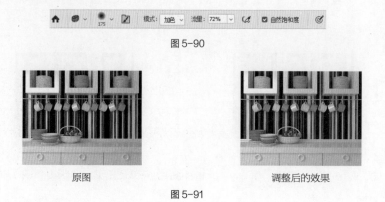

5.2.7　海绵工具

使用海绵工具可以增加图像的色彩饱和度。

选择海绵工具 ◉.，或反复按 Shift+O 组合键切换到该工具，海绵工具的属性栏如图 5-89
所示。

模式：用于设定饱和度处理方式。

流量：用于设定扩散的速度。

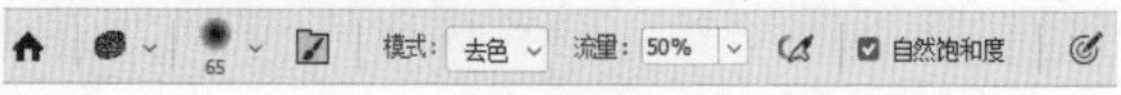

选择海绵工具 ◉.，在属性栏中进行设

置，如图 5-90 所示。在图像窗口中按住鼠标左键不放，拖曳鼠标可增加图像的色彩饱和度。原图和
调整后的图像效果如图 5-91 所示。

图 5-90

原图　　　　　　　　　　　　调整后的效果

图 5-91

5.3　擦除工具的使用

使用擦除工具可以擦除指定图像的颜色，还可以擦除颜色相近区域中的图像。

5.3.1　课堂案例——制作头戴式耳机海报

 案例学习目标

学习使用擦除工具擦除多余的图像。

案例知识要点

使用渐变工具制作背景，使用移动工具调整素材位置，使用橡皮擦工具擦除不需要的文字，效果如图 5-92 所示。

图 5-92

效果所在位置

Ch05\效果\制作头戴式耳机海报.psd。

（1）按 Ctrl+N 组合键，弹出"新建文档"对话框，设置宽度为 1920 像素，高度为 900 像素，分辨率为 72 像素/英寸，颜色模式为 RGB 颜色，背景内容为白色，单击"创建"按钮，新建一个文件。

（2）选择渐变工具 ，单击属性栏中的"点按可编辑渐变"按钮 ，弹出"渐变编辑器"对话框。在"位置"选项中分别输入 0、28、74、100，再分别设置 4 个位置点颜色的 RGB 值为 0（164、28、78）、28（54、15、55）、74（41、49、149）、100（12、36、112），其他选项的设置如图 5-93 所示，单击"确定"按钮。单击属性栏中的"线性渐变"按钮 ，在图像窗口中由左至右拖曳出渐变色，效果如图 5-94 所示。

（3）按 Ctrl+O 组合键，打开云盘中的"Ch05 > 素材 > 制作头戴式耳机海报 > 01"文件。选择移动工具 ，将"01"图片拖曳到新建的图像窗口中适当的位置，"图层"控制面板中生成新的图层，将其命名为"音效"。在控制面板上方，将该图层的混合模式选项设为"叠加"，如图 5-95 所示，图像效果如图 5-96 所示。

（4）按 Ctrl+O 组合键，打开云盘中的"Ch05 > 素材 > 制作头戴式耳机海报 > 02"文件。选择移动工具 ，将"02"图片拖曳到新建的图像窗口中适当的位置，如图 5-97 所示，"图层"控制面板中生成新的图层，将其命名为"耳机"。

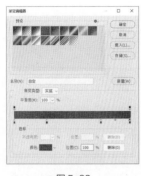

图 5-93

图 5-94

图 5-95

图 5-96

（5）选择横排文字工具 T.，在图像窗口中输入需要的文字并选取文字，"图层"控制面板中生成新的文字图层。按 Ctrl+T 组合键，弹出"字符"控制面板，将"颜色"设为白色，其他选项的设置如图 5-98 所示，按 Enter 键确定操作，图像效果如图 5-99 所示。

图 5-97

图 5-98

图 5-99

（6）按 Ctrl+T 组合键，文字周围会出现变换框，按住 Ctrl+Shift 组合键的同时，拖曳左侧中间的控制节点到适当的位置，使文字斜切变形，效果如图 5-100 所示，按 Enter 键确定操作。在"图层"控制面板中的"MUSIC"图层上单击鼠标右键，在弹出的菜单中选择"栅格化文字"命令，将文字图层转换为图像图层，如图 5-101 所示。保持文字图层处于选取状态，按住 Ctrl 键的同时单击"耳机"图层的缩览图，图像周围会生成选区，如图 5-102 所示。

图 5-100

图 5-101

图 5-102

（7）选择橡皮擦工具 ，在属性栏中单击"画笔预设"右侧的 按钮，在弹出的画笔选择面板中选择需要的画笔形状，其他选项的设置如图 5-103 所示。在图像窗口中拖曳鼠标以擦除不需要的部分，效果如图 5-104 所示。按 Ctrl+D 组合键，取消选区。

（8）按 Ctrl+O 组合键，打开云盘中的"Ch05 > 素材 > 制作头戴式耳机海报 > 03"文件。选择移动工具 ，将"03"图片拖曳到新建的图像窗口中适当的位置，效果如图 5-105 所示，"图层"控制面板中生成新的图层，将其命名为"文字"。头戴式耳机海报制作完成。

图 5-103

图 5-104

图 5-105

5.3.2　橡皮擦工具

橡皮擦工具可以用背景色替换背景图像或用透明色替换图层中的图像。

选择橡皮擦工具 ，或反复按 Shift+E 组合键切换到该工具，橡皮擦工具的属性栏如图 5-106 所示。

图 5-106

抹到历史记录：用于设定是否以"历史记录"控制面板中确定的图像状态来擦除图像。

选择橡皮擦工具 ，在图像窗口中按住鼠标左键并拖曳，可以擦除图像。当图层为"背景"图层或锁定了透明区域的图层时，擦除的区域显示为背景色，效果如图 5-107 所示。当图层为普通图层时，擦除的区域显示为透明状态，效果如图 5-108 所示。

图 5-107

图 5-108

5.3.3　背景橡皮擦工具

选择背景橡皮擦工具 ，或反复按 Shift+E 组合键切换到该工具，背景橡皮擦工具的属性栏如图 5-109 所示。

限制：用于选择擦除界限。

容差：用于设定容差值。

保护前景色：用于保护前景色不被擦除。

选择背景橡皮擦工具 ，在属性栏中进行设置，如图 5-110 所示。在图像窗口中擦除图像，擦除前后的对比效果如图 5-111、图 5-112 所示。

图 5-109

图 5-110

图 5-111

图 5-112

5.3.4　魔术橡皮擦工具

选择魔术橡皮擦工具 ，或反复按 Shift+E 组合键切换到该工具，魔术橡皮擦工具的属性栏如图 5-113 所示。

连续：用于擦除当前图层中连续的像素。

对所有图层取样：用于确认所有图层中待擦除的区域。

选择魔术橡皮擦工具 ，属性栏中的设置保持默认，在图像窗口中擦除图像，效果如图 5-114 所示。

图 5-113

图 5-114

课堂练习——清除照片中的涂鸦

🔗 练习知识要点

使用修复画笔工具清除照片中的涂鸦，效果如图 5-115 所示。

图 5-115

微课视频

扫码观看
本案例视频

效果所在位置

Ch05\效果\清除照片中的涂鸦.psd。

课后习题——修复模糊图像

 习题知识要点

使用锐化工具对桌子图片进行修复，效果如图 5-116 所示。

图 5-116

微课视频

扫码观看
本案例视频

 效果所在位置

Ch05\效果\修复模糊图像.psd。

06

第6章
编辑图像

本章介绍

　　本章主要介绍 Photoshop 中编辑图像的基本方法，包括应用图像编辑工具，复制和删除图像、裁切图像、变换图像等。通过对本章的学习，读者可以了解并掌握图像的编辑方法和技巧，快速地应用相关工具和命令对图像进行适当的编辑与调整。

学习目标

- ✔ 熟练掌握图像编辑工具的使用方法。
- ✔ 掌握图像复制和图像删除的技巧。
- ✔ 掌握图像裁切和图像变换的技巧。

技能目标

- ✔ 掌握"室内空间装饰画"的制作方法。
- ✔ 掌握"音量调节器"的制作方法。
- ✔ 掌握"为产品添加标识"的方法。

素养目标

- ✔ 培养能按计划完成任务的执行力。
- ✔ 培养能够正确理解他人意见和观点的沟通能力。
- ✔ 培养主动探究、积极思考的学习意识。

6.1 编辑工具的使用

使用图像编辑工具对图像进行编辑和处理，可以提高用户编辑和处理图像的效率。

6.1.1 课堂案例——制作室内空间装饰画

案例学习目标

学习使用注释工具制作出需要的效果。

案例知识要点

使用"曲线"命令和"色相/饱和度"命令为图像调色，使用椭圆工具和"添加图层样式"按钮制作蒙版区域，使用注释工具为展示画添加注释，效果如图 6-1 所示。

微课视频

扫码观看
本案例视频

扩展阅读

图 6-1

效果所在位置

Ch06\效果\制作室内空间装饰画.psd。

（1）按 Ctrl+O 组合键，打开云盘中的"Ch06 > 素材 > 制作室内空间装饰画 > 01"文件，如图 6-2 所示。将"背景"图层拖曳到"图层"控制面板下方的"创建新图层"按钮 上进行复制，生成新的图层"背景 拷贝"，如图 6-3 所示。

图 6-2

图 6-3

（2）单击"图层"控制面板下方的"创建新的填充或调整图层"按钮 ，在弹出的菜单中选择"曲线"命令。"图层"控制面板中生成"曲线 1"图层，同时弹出"曲线"面板，在曲线上单击以添加控制点，将"输入"设为 101，"输出"设为 119，如图 6-4 所示；再次在曲线上单击以添加控制点，将"输入"设为 75，"输出"设为 86，如图 6-5 所示。按 Enter 键确定操作，图像效果如图 6-6 所示。

（3）选择椭圆工具 ◎，将属性栏中的"选择工具模式"设为"形状"，"填充"颜色设为白色，"描边"颜色设为无，按住 Shift 键的同时，在图像窗口中绘制圆形，效果如图 6-7 所示。

图 6-4

图 6-5

图 6-6

图 6-7

（4）单击"图层"控制面板下方的"添加图层样式"按钮 fx，在弹出的菜单中选择"内阴影"命令，在弹出的对话框中进行设置，如图 6-8 所示，单击"确定"按钮，图像效果如图 6-9 所示。

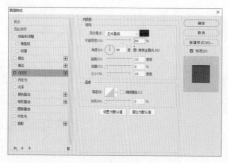
图 6-8

图 6-9

（5）按 Ctrl+O 组合键，打开云盘中的"Ch06 > 素材 > 制作室内空间装饰画 > 02"文件。选择移动工具 ✛，将"02"图片拖曳到"01"图像窗口中适当的位置，效果如图 6-10 所示，"图层"控制面板中生成新的图层，将其命名为"画"。按 Alt+Ctrl+G 组合键创建剪贴蒙版，图像效果如图 6-11 所示。

（6）单击"图层"控制面板下方的"创建新的填充或调整图层"按钮 ◎，在弹出的菜单中选择"色相/饱和度"命令。"图层"控制面板中生成"色相/饱和度 1"图层，同时弹出"色相/饱和度"面板，单击"此调整影响下面的所有图层"按钮 ⬇，使其变为"此调整剪切到此图层"按钮 ⬇，其他选项的设置如图 6-12 所示。按 Enter 键确定操作，图像效果如图 6-13 所示。

图 6-10

图 6-11

图 6-12

图 6-13

（7）单击"图层"控制面板下方的"创建新的填充或调整图层"按钮 ⊙，在弹出的菜单中选择"曲线"命令。"图层"控制面板中生成"曲线 2"图层，同时弹出"曲线"面板，单击"此调整影响下面的所有图层"按钮 ⊡，使其变为"此调整剪切到此图层"按钮 ⊡，在曲线上单击以添加控制点，将"输入"设为 63，"输出"设为 65，如图 6-14 所示；再次在曲线上单击以添加控制点，将"输入"设为 193，"输出"设为 221，如图 6-15 所示。按 Enter 键确定操作，图像效果如图 6-16 所示。

图 6-14

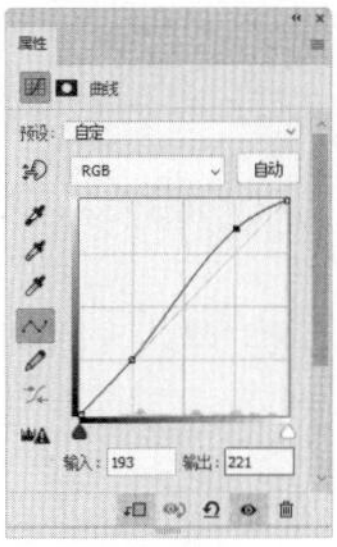

图 6-15

图 6-16

（8）按 Ctrl+O 组合键，打开云盘中的"Ch06 > 素材 > 制作室内空间装饰画 > 03"文件。选择移动工具 ✛，将"03"图片拖曳到"01"图像窗口中适当的位置，效果如图 6-17 所示，"图层"控制面板中生成新的图层，将其命名为"植物"。

（9）选择注释工具 ▥，在图像窗口中单击，弹出"注释"控制面板，在其中输入注释文字，如图 6-18 所示。室内空间装饰画制作完成。

图 6-17

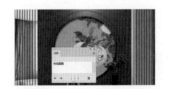

图 6-18

6.1.2　注释工具

使用注释工具可以为图像添加文字注释。

选择注释工具 ▥，或反复按 Shift+I 组合键切换到该工具，注释工具的属性栏如图 6-19 所示。

图 6-19

作者：用于输入作者姓名。

颜色：用于设置注释图标的颜色。

清除全部 ：用于清除所有注释。

显示或隐藏注释面板 ▣：常用于打开"注释"控制面板，以便编辑注释文字。

6.1.3　标尺工具

选择标尺工具 ▭，或反复按 Shift+I 组合键切换到该工具，标尺工具的属性栏如图 6-20 所示。

图 6-20

X/Y：用于设置起始位置的坐标。

W/H：用于设置在 x 轴和 y 轴上移动的水平距离和垂直距离。

A：用于设置相对于坐标轴偏离的角度。

L1：两点间的距离长度。

L2：绘制另一条测量线的长度。

使用测量比例：使用测量比例计算"标尺"工具的相关数据。

拉直图层：拉直图层使标尺水平。

清除：用于清除测量线。

6.2　图像的复制和删除

在 Photoshop 中，可以非常便捷地复制和删除图像。

6.2.1　课堂案例——制作音量调节器

案例学习目标

学习移动、复制图像的方法。

案例知识要点

使用椭圆选框工具、"复制"命令等制作音量调节器，效果如图 6-21 所示。

微课视频

扫码观看
本案例视频

扩展阅读

图 6-21

效果所在位置

Ch06\效果\制作音量调节器.psd。

（1）按 Ctrl + O 组合键，打开云盘中的"Ch06 > 素材 > 制作音量调节器 > 01"文件，如图 6-22 所示。新建图层并将其命名为"圆"。选择椭圆选框工具○，按住 Shift 键的同时，在图像窗口中绘制一个圆形选区，效果如图 6-23 所示。

（2）选择渐变工具■，单击属性栏中的"点按可编辑渐变"按钮▅▅▅▅，弹出"渐变编辑器"

对话框，在"位置"选项中分别输入 0、100，再分别设置两个位置点颜色的 RGB 值为 0（196、196、196）、100（255、255、255），其他选项的设置如图 6-24 所示，单击"确定"按钮。单击属性栏中的"径向渐变"按钮，在选区中从右下角至左上角拖曳出渐变色，效果如图 6-25 所示。按 Ctrl+D 组合键，取消选区。

图 6-22

图 6-23

图 6-24

图 6-25

（3）单击"图层"控制面板下方的"添加图层样式"按钮 fx，在弹出的菜单中选择"投影"命令，弹出对话框，各选项的设置如图 6-26 所示，单击"确定"按钮，效果如图 6-27 所示。

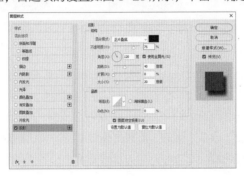
图 6-26

图 6-27

（4）将"圆"图层拖曳到"图层"控制面板下方的"创建新图层"按钮 上进行复制，生成新的图层并将其命名为"圆 2"。按 Ctrl+T 组合键，图像周围出现变换框，按住 Alt 键的同时，向内拖曳右上角的控制节点以等比例缩小图像，按 Enter 键确定操作。在"圆 2"图层上单击鼠标右键，在弹出的菜单中选择"删除图层样式"命令，删除图层样式，"图层"控制面板如图 6-28 所示。

（5）将前景色设为灰白色（240、240、240）。按住 Ctrl 键的同时，单击"圆 2"图层的缩览图，图像周围会生成选区，如图 6-29 所示。按 Alt+Delete 组合键，用前景色填充选区。按 Ctrl+D 组合键，取消选区，效果如图 6-30 所示。

图 6-28

图 6-29

图 6-30

（6）新建图层并将其命名为"圆 3"。将前景色设为黑色。选择椭圆选框工具 ⊙，按住 Shift 键的同时，在图像窗口中绘制一个圆形选区。按 Alt+Delete 组合键，用前景色填充选区。按 Ctrl+D 组合键，取消选区，效果如图 6-31 所示。

（7）新建图层"图层 1"。将前景色设为白色。选择椭圆选框工具 ⊙，按住 Shift 键的同时，在图像窗口中绘制一个圆形选区。按 Alt+Delete 组合键，用前景色填充选区。按 Ctrl+D 组合键，取消选区，效果如图 6-32 所示。按 Ctrl+J 组合键复制图层，"图层"控制面板中生成新的图层"图层 1 拷贝"。

（8）按 Alt+Ctrl+T 组合键，图像周围出现变换框。在属性栏中勾选"切换参考点"复选框，显示出图像的中心点。按住 Alt 键的同时，拖曳中心点到适当的位置，如图 6-33 所示。在属性栏中将"旋转"设置为 10.8 度，按 Enter 键确定操作。连续按 Alt+Shift+Ctrl+T 组合键，复制出多个白色圆形，效果如图 6-34 所示，"图层"控制面板中会分别生成新的图层。

图 6-31

图 6-32

图 6-33

图 6-34

（9）选中"图层 1"，按住 Shift 键的同时，单击"图层 1 拷贝 23"图层，将这两个图层及它们之间的所有图层同时选取，如图 6-35 所示。按 Ctrl+E 组合键，合并图层并将其命名为"点"，如图 6-36 所示。

（10）单击"图层"控制面板下方的"添加图层样式"按钮 fx，在弹出的菜单中选择"渐变叠加"命令，弹出"图层样式"对话框，单击"渐变"选项右侧的"点按可编辑渐变"按钮 ▭，弹出"渐变编辑器"对话框，在"位置"选项中分别输入 0、100，再分别设置两个位置点颜色的 RGB 值为 0（230、0、18）、100（255、241、0），如图 6-37 所示。

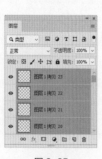

图 6-35

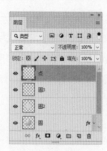

图 6-36

图 6-37

（11）单击"确定"按钮。返回到"渐变叠加"面板，其他选项的设置如图 6-38 所示。选择"外发光"选项，切换到相应的面板，将发光颜色设为黑色，其他选项的设置如图 6-39 所示。

（12）选择"投影"选项，切换到相应的面板，各选项的设置如图 6-40 所示，单击"确定"按钮，图像效果如图 6-41 所示。音量调节器制作完成。

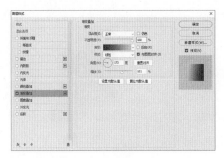

图 6-38

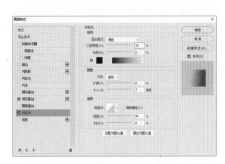

图 6-39

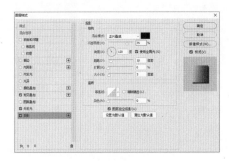

图 6-40

图 6-41

6.2.2 图像的复制

想要在操作过程中随时按需复制图像，就必须掌握复制图像的方法。

打开一幅图像。选择磁性套索工具 ，绘制出要复制的图像区域，如图 6-42 所示。选择移动工具 ，将鼠标指针放在选区中，鼠标指针变为 形状，如图 6-43 所示。按住 Alt 键，鼠标指针变为 形状，如图 6-44 所示。按住鼠标左键不放，拖曳选区中的图像到适当的位置，释放鼠标和 Alt 键，图像复制完成，效果如图 6-45 所示。

图 6-42

图 6-43

图 6-44

图 6-45

在要复制的图像上绘制选区，如图 6-46 所示。选择"编辑 > 拷贝"命令或按 Ctrl+C 组合键，复制选区中的图像。这时屏幕上的图像并没有变化，但系统已将图像复制到剪贴板中。

选择"编辑 > 粘贴"命令或按 Ctrl+V 组合键，将剪贴板中的图像粘贴在图像的新图层中，复制的图像在原图的上方，如图 6-47 所示。选择移动工具 ，可以移动复制的图像，效果如图 6-48 所示。

在要复制的图像上绘制选区，如图 6-49 所示。按 Ctrl+J 组合键，复制选区中的图像，"图层"控制面板如图 6-50 所示。选择移动工具 ，可以移动复制的图像，效果如图 6-51 所示。

图 6-46　　　　　　　　　　图 6-47　　　　　　　　　　图 6-48

图 6-49　　　　　　　　　　图 6-50　　　　　　　　　　图 6-51

提示

在复制图像前，要选择需要复制的图像区域；如果不选择图像区域，则不能复制图像。

6.2.3　图像的删除

在要删除的图像上绘制选区，如图 6-52 所示。选择"编辑 > 清除"命令，删除选区中的图像，效果如图 6-53 所示。按 Ctrl+D 组合键，取消选区。

图 6-52　　　　　　　　　　　　　　　图 6-53

在要删除的图像上绘制选区，按 Delete 键或 Backspace 键，可以删除选区中的图像，删除后的图像区域由背景色填充。如果删除的图像在某一图层中，删除后的图像区域将显示下层的图像。按 Alt+Delete 组合键或 Alt+Backspace 组合键，也可以删除选区中的图像，删除后的图像区域由前景色填充。

6.3　图像的裁切和变换

通过图像的裁切和图像的变换，可以制作出丰富多变的图像效果。

6.3.1 课堂案例——为产品添加标识

案例学习目标

学习使用自定形状工具和控制面板添加标识。

案例知识要点

使用自定形状工具、"转换为智能对象"命令和"变形"命令添加标识，使用"添加图层样式"按钮制作标识投影，效果如图 6-54 所示。

图 6-54

效果所在位置

Ch06\效果\为产品添加标识.psd。

（1）按 Ctrl+N 组合键，弹出"新建文档"对话框，设置宽度为 800 像素，高度为 800 像素，分辨率为 72 像素/英寸，颜色模式为 RGB 颜色，背景内容为白色，单击"创建"按钮，新建一个文件。

（2）按 Ctrl+O 组合键，打开云盘中的"Ch06 > 素材 > 为产品添加标识 > 01"文件。选择移动工具 ⊕，将"01"图片拖曳到新建图像窗口中适当的位置并调整其大小，效果如图 6-55 所示，"图层"控制面板中生成新的图层，将其命名为"产品"。

（3）选择自定形状工具 ⬚，单击属性栏中的"形状"右侧的 按钮，在弹出的面板中选择需要的形状，如图 6-56 所示。在属性栏的"选择工具模式"中选择"形状"选项，在图像窗口中适当的位置绘制形状，效果如图 6-57 所示，"图层"面板中生成新的形状图层，将其命名为"标识"。

图 6-55

图 6-56

图 6-57

（4）在"标识"图层上单击鼠标右键，在弹出的菜单中选择"转换为智能对象"命令，将形状图层转换为智能对象图层，如图 6-58 所示。按 Ctrl+T 组合键，图像周围出现变换框，在变换框中单击鼠标右键，在弹出的菜单中选择"变形"命令，拖曳控制节点调整形状，按 Enter 键确定操作，效果如图 6-59 所示。

（5）双击"标识"图层的缩览图，将智能对象在新窗口中打开，如图 6-60 所示。按 Ctrl+O 组合键，打开云盘中的"Ch06 > 素材 > 为产品添加标识 > 02"文件。选择移动工具 ⊕，将"02"图片拖曳到标识图像窗口中适当的位置并调整其大小，图像效果如图 6-61 所示。

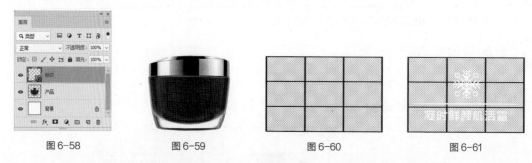

图 6-58　　　　　　图 6-59　　　　　　　图 6-60　　　　　　　图 6-61

（6）单击"标识"图层左侧的眼睛图标 ◉，隐藏该图层，如图 6-62 所示。按 Ctrl+S 组合键，存储图像，并关闭文件。返回新建的图像窗口中，图像效果如图 6-63 所示。

图 6-62　　　　　　　　　　　　　　　　　图 6-63

（7）单击"图层"控制面板下方的"添加图层样式"按钮 fx，在弹出的菜单中选择"投影"命令。弹出"图层样式"对话框，各选项的设置如图 6-64 所示，单击"确定"按钮，图像效果如图 6-65 所示。

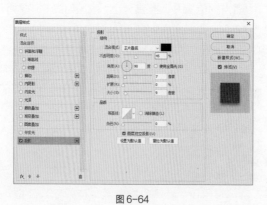

图 6-64　　　　　　　　　　　　　　　图 6-65

（8）按 Ctrl+O 组合键，打开云盘中的"Ch06 > 素材 > 为产品添加标识 > 03"文件。选择移动工具 ⊕，将 03 图片拖曳到新建的图像窗口中适当的位置，如图 6-66 所示，"图层"控制面板中生成新的图层，将其命名为"边框"，如图 6-67 所示。产品标识制作完成。

图 6-66

图 6-67

6.3.2 图像的裁切

在实际的设计制作工作中，经常有一些图片的构图和比例不符合设计要求，这时就需要对这些图片进行裁切。下面进行具体介绍。

1. 使用裁剪工具裁切图像

使用裁剪工具可以在图像或图层中裁剪选定的区域。

选择裁剪工具 ，或反复按 Shift+C 组合键切换到该工具，裁剪工具的属性栏如图 6-68 所示。

图 6-68

 ：选择预设的裁剪比例。

 ：可以自定义裁剪框的长度与宽度。

 ：可以快速拉直倾斜的图像。

 ：可以选择裁剪方式。

 ：设置裁剪选项。

删除裁剪的像素：用于设置是否彻底删除裁掉的图像。

打开一幅图像，如图 6-69 所示。选择裁剪工具 ，在图像中按住鼠标左键不放，拖曳鼠标到适当的位置，松开鼠标，绘制出矩形裁剪框，如图 6-70 所示。在矩形裁剪框内双击或按 Enter 键，可以完成图像的裁剪，效果如图 6-71 所示。

图 6-69

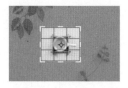

图 6-70

图 6-71

将鼠标指针放在裁剪框的框线上，拖曳鼠标可以调整裁剪框的大小，如图 6-72 所示。拖曳裁剪框上的控制节点也可以缩放裁剪框。按住 Shift 键拖曳 4 个角上的控制节点，可以等比例缩放裁剪框，如图 6-73 所示。将鼠标指针放在裁剪框外，出现 时，拖曳鼠标，可旋转裁剪框，如图 6-74 所示。

图 6-72

图 6-73

图 6-74

将鼠标指针放在裁剪框内，拖曳鼠标可以移动裁剪框，如图 6-75 所示。单击工具属性栏中的"提交当前裁剪操作"按钮 ✓ 或按 Enter 键，即可裁剪图像，效果如图 6-76 所示。

图 6-75

图 6-76

2. 使用菜单命令裁切图像

使用菜单命令裁切图像的方法有 2 种。一种是用"裁剪"命令。

选择矩形选框工具 ⊞，在图像窗口中绘制出要裁剪的图像区域，如图 6-77 所示。选择"图像 > 裁剪"命令，图像将以选区为准进行裁剪。按 Ctrl+D 组合键，取消选区，效果如图 6-78 所示。

图 6-77

图 6-78

另一种是用"裁切"命令。

若图像中含有大面积的纯色区域或透明区域，可以应用"裁切"命令进行操作。

打开一幅图像，如图 6-79 所示。选择"图像 > 裁切"命令，在弹出的对话框中进行设置，如图 6-80 所示，单击"确定"按钮，效果如图 6-81 所示。

图 6-79

图 6-80

图 6-81

透明像素：若当前图像的多余区域是透明的，则选择此选项。

左上角像素颜色：根据图像左上角的像素颜色来确定裁切的颜色范围。

右下角像素颜色：根据图像右下角的像素颜色来确定裁切的颜色范围。

裁切：用于设置裁切的区域范围。

3. 使用透视裁剪工具裁切图像

在拍摄高大的建筑时，由于视角较低，竖直的线条会向消失点集中，从而产生透视畸变。Photoshop CC 2019 新增的透视裁剪工具能够较好地解决这个问题。

选择透视裁剪工具 ⊞，或反复按 Shift+C 组合键切换到该工具，透视裁剪工具的属性栏如图 6-82 所示。

图 6-82

W/H：用于设置图像的宽度和高度。

：用于将高度和宽度数值互换。

分辨率：用于设置图像的分辨率，单位为像素/英寸或像素/厘米。

前面的图像：用于在宽度、高度和分辨率文本框中显示当前文档的尺寸和分辨率。如果同时打开两个文档，则会显示另外一个文档的尺寸和分辨率。

清除：用于清除宽度、高度和分辨率文本框中的数值。

显示网格：用于显示或隐藏网格线。

打开一幅图像，如图 6-83 所示，可以观察到两侧的建筑向中间倾斜，这是透视畸变的显著特征。选择透视裁剪工具，在图像窗口中拖曳，绘制出矩形裁剪框，如图 6-84 所示。

将鼠标指针放置在裁剪框左上角的控制节点上，按 Shift 键的同时，向右侧拖曳控制节点，再用同样的方法将右上角的控制节点向左拖曳，使顶部的两个边角和建筑的边缘保持平行，如图 6-85 所示。单击工具属性栏中的"提交当前裁剪操作"✓按钮或按 Enter 键，即可裁剪图像，效果如图 6-86 所示。

图 6-83

图 6-84

图 6-85

图 6-86

6.3.3　图像画布的变换

要想根据设计制作的需要改变画布的大小，就必须掌握图像画布的变换方法。

选择"图像 > 图像旋转"命令，其中的交换命令如图 6-87 所示，应用不同的变换命令，图像的变换效果如图 6-88 所示。

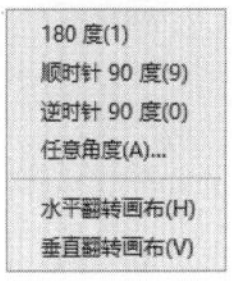

图 6-87

原图

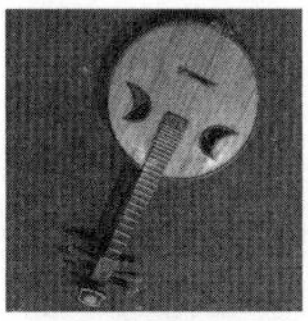

180 度

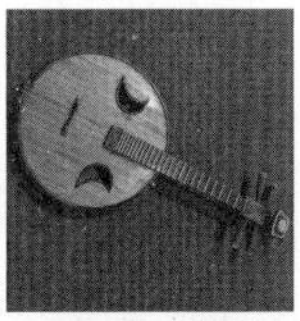

顺时针 90 度

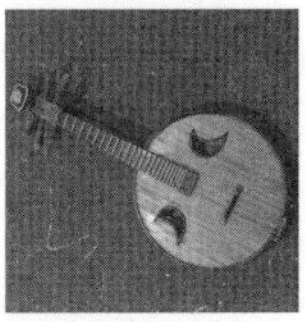

逆时针 90 度

水平翻转画布

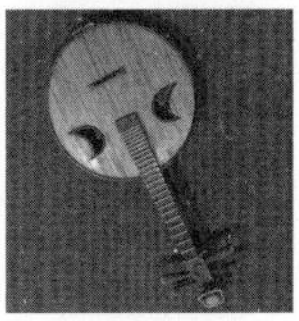

垂直翻转画布

图 6-88

选择"任意角度"命令，弹出"旋转画布"对话框，具体设置如图 6-89 所示，单击"确定"按钮，图像的旋转效果如图 6-90 所示。

图 6-89

图 6-90

6.3.4 图像选区的变换

在操作过程中可以根据设计和制作的需要变换已经绘制好的选区。

打开一幅图像。选择矩形选框工具，在要变换的图像上绘制选区。选择"编辑 > 自由变换"或"变换"命令，其中的变换命令如图 6-91 所示，应用不同的变换命令，图像的变换效果如图 6-92 所示。

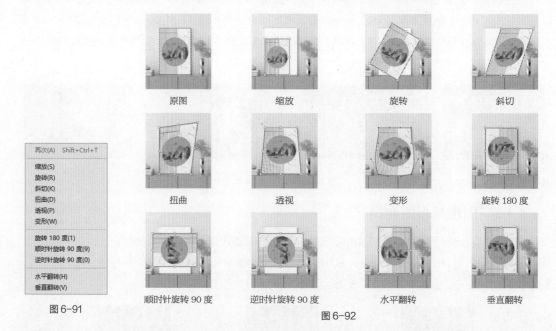

原图　　　　　缩放　　　　　旋转　　　　　斜切

扭曲　　　　　透视　　　　　变形　　　　　旋转 180 度

顺时针旋转 90 度　　逆时针旋转 90 度　　水平翻转　　　　垂直翻转

图 6-91

图 6-92

提示 在要变换的图像上绘制选区。按 Ctrl+T 组合键，选区周围出现变换框，拖曳变换框上的控制节点，可以自由缩放图像；按住 Shift 键的同时拖曳 4 个角上的控制节点，可以等比例缩放图像；将鼠标指针放在变换框外边，鼠标指针变为旋转图标↰，拖曳鼠标可以旋转图像；按住 Ctrl 键的同时拖曳控制节点，可以任意变形图像；按住 Alt 键的同时拖曳控制节点，可以使图像对称变形；按住 Shift+Ctrl 组合键的同时，可以使图像斜切变形；按住 Alt+Shift+Ctrl 组合键的同时拖曳控制节点，可以使图像透视变形。

课堂练习——制作旅游公众号首图

🔗 练习知识要点

　　使用标尺工具和"拉直图层"按钮校正倾斜的图像，使用"色阶"命令调整图像颜色，使用横排文字工具添加文字信息，效果如图 6-93 所示。

图 6-93

微课视频

扫码观看
本案例视频

📍 效果所在位置

　　Ch06\效果\制作旅游公众号首图.psd。

课后习题——制作房屋地产类公众号信息图

🔗 习题知识要点

　　使用裁剪工具裁剪图像，使用移动工具移动图像，效果如图 6-94 所示。

图 6-94

微课视频

扫码观看
本案例视频

📍 效果所在位置

　　Ch06\效果\制作房屋地产类公众号信息图.psd。

07

第7章
绘制图形及路径

本章介绍

　　本章主要介绍图形的绘制与应用技巧以及路径的绘制、编辑方法。通过对本章的学习，读者可以快速地应用绘图工具绘制出系统自带的图形，还可绘制出所需路径并对路径进行修改和编辑，提高图像制作的效率。

学习目标

✔ 熟练掌握绘制图形的技巧。
✔ 熟练掌握绘制和编辑路径的方法。
✔ 了解 3D 图形的创建和 3D 工具的使用技巧。

技能目标

✔ 掌握"家居装饰类公众号插画"的绘制方法。
✔ 掌握"箱包 App 主页 Banner"的制作方法。
✔ 掌握"音乐节装饰画"的制作方法。

素养目标

✔ 培养兢兢业业和持之以恒的品质。
✔ 培养能够不断实践和探索专业知识的能力。
✔ 培养善于观察和独立思考的能力。

7.1 图形的绘制

使用绘图工具不仅可以绘制出标准的几何图形，还可以绘制出自定义的图形，提高工作效率。

7.1.1 课堂案例——绘制家居装饰类公众号插画

案例学习目标

学习使用不同的基本绘图工具、"属性"控制面板绘制各种图形，使用路径选择工具调整图形位置。

案例知识要点

使用圆角矩形工具、路径选择工具、"属性"控制面板绘制床头，使用矩形工具、"属性"控制面板绘制床尾，使用直线工具绘制地平线，效果如图 7-1 所示。

图 7-1

效果所在位置

Ch07\效果\绘制家居装饰类公众号插画.psd。

（1）按 Ctrl+N 组合键，弹出"新建文档"对话框，设置宽度为 1000 像素，高度为 1000 像素，分辨率为 72 像素/英寸，颜色模式为 RGB 颜色，背景内容为白色，单击"创建"按钮，新建一个文件。

（2）单击"图层"控制面板下方的"创建新组"按钮 □，创建新的图层组并将其命名为"床"。选择圆角矩形工具 □，在属性栏的"选择工具模式"中选择"形状"选项，将"填充"颜色设为浅黄色（255、231、178），"描边"颜色设为灰蓝色（85、110、127），"描边宽度"设为 14 像素，"半径"设为 70 像素，在图像窗口中绘制一个圆角矩形，效果如图 7-2 所示，"图层"控制面板中生成新的形状图层"圆角矩形 1"。

（3）使用圆角矩形工具 □，在属性栏中将"半径"设为 30 像素，在图像窗口中绘制一个圆角矩形，在属性栏中将"填充"颜色设为草绿色（220、243、222），效果如图 7-3 所示，"图层"控制面板中生成新的形状图层"圆角矩形 2"。

（4）选择路径选择工具 ▶，按住 Alt+Shift 组合键的同时，水平向右拖曳较小的圆角矩形到适当的位置，以复制圆角矩形，效果如图 7-4 所示。选中"圆角矩形 1"形状图层。按 Ctrl+J 组合键复制"圆角矩形 1"形状图层，生成新的形状图层"圆角矩形 1 拷贝"，如图 7-5 所示。

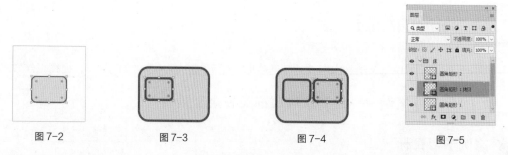

图 7-2   图 7-3   图 7-4   图 7-5

（5）使用路径选择工具 ▶，向下拖曳圆角矩形上边中间的控制节点到适当的位置，调整其大小，效果如图 7-6 所示。向上拖曳圆角矩形下边中间的控制节点到适当的位置，调整其大小，效果如图 7-7 所示。

图 7-6   图 7-7

（6）选择"窗口 > 属性"命令，弹出"属性"控制面板，将"填充"颜色设为浅洋红色（255、182、166），"半径"均设为 35 像素，其他选项的设置如图 7-8 所示。按 Enter 键确定操作，效果如图 7-9 所示。按 Shift+Ctrl+] 组合键，将圆角矩形置于顶层，效果如图 7-10 所示。

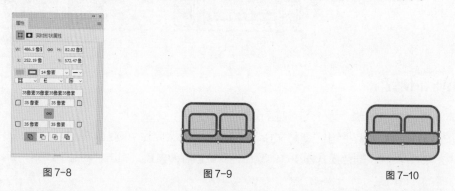

图 7-8   图 7-9   图 7-10

（7）选择矩形工具 ▢，在属性栏的"选择工具模式"中选择"形状"选项，在图像窗口中绘制一个矩形，将"填充"颜色设为浅黄色（255、231、178），"描边"颜色设为灰蓝色（85、110、127），"描边宽度"设为 14 像素，效果如图 7-11 所示，"图层"控制面板中生成新的形状图层"矩形 1"。

（8）在"属性"控制面板中，将"半径"设为 50 像素和 0 像素，其他选项的设置如图 7-12 所示。按 Enter 键确定操作，效果如图 7-13 所示。

（9）按 Ctrl+J 组合键复制"矩形 1"形状图层，生成新的形状图层"矩形 1 拷贝"，如图 7-14 所示。选择路径选择工具 ▶，向下拖曳矩形上边中间的控制节点到适当的位置，调整其大小，效果如图 7-15 所示。

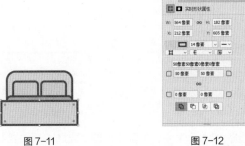

图 7-11 图 7-12 图 7-13

（10）在"属性"控制面板中，将"填充"颜色设为天蓝色（191、233、255），"半径"均设为 0 像素，其他选项的设置如图 7-16 所示。按 Enter 键确定操作，效果如图 7-17 所示。

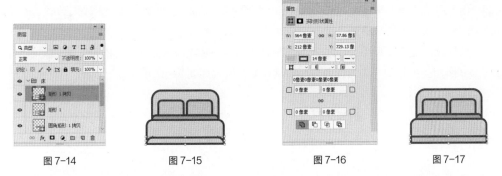

图 7-14 图 7-15 图 7-16 图 7-17

（11）选择矩形工具 ▢，在图像窗口中绘制一个矩形，将"填充"颜色设为浅灰色（212、220、223），"描边"颜色设为灰蓝色（85、110、127），"描边宽度"设为 14 像素，效果如图 7-18 所示，"图层"控制面板中生成新的形状图层"矩形 2"。

（12）在"属性"控制面板中，将"半径"设为 0 像素和 30 像素，其他选项的设置如图 7-19 所示。按 Enter 键确定操作，效果如图 7-20 所示。

图 7-18 图 7-19 图 7-20

（13）选择路径选择工具 ▸，按住 Alt+Shift 组合键的同时，水平向右拖曳形状到适当的位置，以复制形状，效果如图 7-21 所示。在"图层"控制面板中，将"矩形 2"形状图层拖曳到"矩形 1"形状图层的下方，如图 7-22 所示，图像效果如图 7-23 所示。

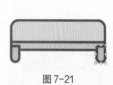
图 7-21

图 7-22

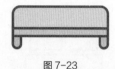
图 7-23

（14）选中"矩形 1 拷贝"形状图层。选择直线工具 ，在属性栏的"选择工具模式"中选择"形状"选项，按住 Shift 键的同时，在图像窗口中绘制一条直线段，在属性栏中将"填充"颜色设为无，"描边"颜色设为灰蓝色（85、110、127），"描边宽度"设为 12 像素，效果如图 7-24 所示，"图层"控制面板中生成新的形状图层"直线 1"。

（15）选择路径选择工具 ，按住 Alt+Shift 组合键的同时，水平向右拖曳直线段到适当的位置，以复制直线段，效果如图 7-25 所示。

（16）使用路径选择工具 ，向左拖曳复制的直线段右侧的端点到适当的位置，调整其长度，效果如图 7-26 所示。再复制一条直线段并调整其长度，效果如图 7-27 所示。

图 7-24

图 7-25

图 7-26

图 7-27

（17）单击"床"图层组左侧的三角形图标 ，将"床"图层组收起，如图 7-28 所示。用相同的方法绘制床头柜和挂画，效果如图 7-29 所示。家居装饰类公众号插画绘制完成。

图 7-28

图 7-29

7.1.2　矩形工具

选择矩形工具 ，或反复按 Shift+U 组合键切换到该工具，矩形工具的属性栏如图 7-30 所示。

图 7-30

形状 ：用于选择工具的模式，包括形状、路径和像素 3 个选项。

填充 描边 1像素 ：用于设置矩形的填充颜色、描边颜色、描边宽度和描边类型。

W: 0像素 H: 0像素 ：用于设置矩形的宽度和高度。

：用于设置路径的组合方式、对齐方式和排列方式。

⚙️：用于设置所绘制的矩形的形状。

对齐边缘：用于设置边缘是否对齐。

打开一幅图像，如图 7-31 所示。在属性栏中将"填充"颜色设为白色，在图像窗口中绘制矩形，效果如图 7-32 所示，"图层"控制面板如图 7-33 所示。

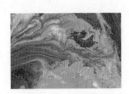  

图 7-31　　　　　　　　　　　图 7-32　　　　　　　　　　　图 7-33

7.1.3　圆角矩形工具

选择圆角矩形工具 ◻，或反复按 Shift+U 组合键切换到该工具，圆角矩形工具的属性栏如图 7-34 所示。其属性栏中的选项内容与矩形工具属性栏中的选项内容类似，只增加了"半径"选项，用于设定圆角矩形的圆角半径，数值越大圆角越平滑。

图 7-34

打开一幅图像。在属性栏中将"填充"颜色设为白色，"半径"设为 40 像素，在图像窗口中绘制圆角矩形，效果如图 7-35 所示，"图层"控制面板如图 7-36 所示。

图 7-35　　　　　　　　　　　　　　图 7-36

7.1.4　椭圆工具

选择椭圆工具 ◯，或反复按 Shift+U 组合键切换到该工具，椭圆工具的属性栏如图 7-37 所示。

图 7-37

打开一幅图像。在属性栏中将"填充"颜色设为白色，在图像窗口中绘制椭圆形，效果如图 7-38 所示，"图层"控制面板如图 7-39 所示。

图 7-38

图 7-39

7.1.5　多边形工具

选择多边形工具 ⬡，或反复按 Shift+U 组合键切换到该工具，其属性栏如图 7-40 所示。其属性栏中的选项内容与矩形工具属性栏中的选项内容类似，只增加了"边"选项，用于设定多边形的边数。

图 7-40

打开一幅图像。在属性栏中将"填充"颜色设为白色，单击 ⚙ 按钮，在弹出的面板中进行设置，如图 7-41 所示。在图像窗口中绘制星形，效果如图 7-42 所示，"图层"控制面板如图 7-43 所示。

图 7-41

图 7-42

图 7-43

7.1.6　直线工具

选择直线工具 ╱，或反复按 Shift+U 组合键切换到该工具，其属性栏如图 7-44 所示。其属性栏中的选项内容与矩形工具属性栏中的选项内容类似，只增加了"粗细"选项，用于设定直线的宽度。

图 7-44

单击属性栏中的 ⚙ 按钮，弹出"箭头"面板，如图 7-45 所示。

起点：用于设置箭头位于线段始端。

终点：用于设置箭头位于线段末端。

宽度：用于设定箭头宽度和线段宽度的比值。

长度：用于设定箭头长度和线段长度的比值。

凹度：用于设定箭头凹凸的程度。

打开一幅图像，如图 7-46 所示。在属性栏中将"填充"颜色设为白色，在图像窗口中绘制直线段和不同样式的箭头形状，如图 7-47 所示，"图层"控制面板如图 7-48 所示。

图 7-45

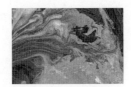

图 7-46

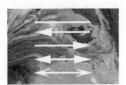

图 7-47

图 7-48

 提示

按住 Shift 键的同时拖曳鼠标，可以绘制水平或垂直的直线段。

7.1.7 自定形状工具

选择自定形状工具，或反复按 Shift+U 组合键切换到该工具，其属性栏如图 7-49 所示。其属性栏中的选项内容与矩形工具属性栏中的选项内容类似，只增加了"形状"选项，用于选择所需的形状。

图 7-49

单击"形状"右侧的按钮，弹出图 7-50 所示的面板，其中存储了可供选择的各种不规则形状。

打开一幅图像，如图 7-51 所示。在属性栏中将"填充"颜色设为白色，在图像窗口中绘制形状，效果如图 7-52 所示。"图层"控制面板如图 7-53 所示。

图 7-50

图 7-51

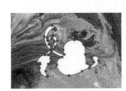

图 7-52

图 7-53

可以使用"定义自定形状"命令来定义形状。选择钢笔工具，在图像窗口中绘制并填充路径，如图 7-54 所示。

选择"编辑 > 定义自定形状"命令，弹出"形状名称"对话框，在"名称"文本框中输入自定形状的名称，如图 7-55 所示，单击"确定"按钮。在"形状"面板中会显示刚才定义的形状，如图 7-56 所示。

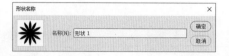

图 7-54　　　　　　　　　　图 7-55　　　　　　　　　　图 7-56

7.1.8　"属性"控制面板

"属性"控制面板可以用于调整形状的大小、填充颜色、描边颜色、描边样式以及圆角半径等，也可以用于调整所选图层中的图层蒙版和矢量蒙版的不透明度和羽化效果。

选择矩形工具▢，绘制一个矩形，如图 7-57 所示，选择"窗口 > 属性"命令，弹出"属性"控制面板，如图 7-58 所示。

图 7-57　　　　　　　　　　　　　　　　　　图 7-58

W/H：用于设置形状的宽度和高度。

⊙⊙：用于链接宽度和高度值，使形状能够成比例改变。

X/Y：用于设定形状的横、纵坐标。

▉▉ ⁄ ：用于设置形状的填充颜色和描边颜色。

1像素 ▽ ━ ：用于设置形状的描边宽度和描边类型。

□ ▽ ☰ ▽ ⻐ ▽ ：用于设置描边的对齐类型、线段端点和线段合并类型。

在"角半径"文本框中输入数值以设置多边形的圆角效果，如图 7-59 所示，按 Enter 键，效果如图 7-60 所示。

在"属性"面板中单击"蒙版"按钮▢，切换到相应的面板，如图 7-61 所示。

▣：单击此按钮，可以为当前图层添加图层蒙版；单击▣按钮则可以添加矢量蒙版。

浓度：拖动滑块可以控制蒙版的不透明度，即蒙版的遮盖强度。

羽化：拖动滑块可以控制蒙版边缘的羽化程度。

选择并遮住…：单击此按钮，可以在切换到的面板中修改蒙版边缘。

颜色范围…：单击此按钮，可以打开"色彩范围"对话框，此时可以在图像中取样并调整颜色容差值来修改蒙版范围。

图 7-59 图 7-60 图 7-61

从蒙版中载入选区 ⊡：可以载入蒙版中包含的选区。

应用蒙版 ◈：可以将蒙版应用到图像中，同时删除被蒙版遮盖的图像。

停用/启用蒙版 ⊙：可以停用或启用蒙版，停用蒙版时，蒙版缩览图上会出现一个红色的 "×"。

删除蒙版 🗑：可以删除当前蒙版。

7.2 路径的绘制和编辑

路径对 Photoshop 用户来说是一个非常得力的 "助手"，使用路径可以进行复杂图像的选取，可以存储选取的区域以备再次使用，还可以绘制线条平滑的优美图形。

7.2.1 课堂案例——制作箱包 App 主页 Banner

案例学习目标

学习使用不同的绘图工具绘制并调整路径。

案例知识要点

使用钢笔工具、添加锚点工具和转换点工具绘制路径，使用移动工具添加包包和文字，使用椭圆选框工具和 "填充" 命令制作投影，效果如图 7-62 所示。

微课视频

扫码观看
本案例视频

图 7-62

扩展阅读

效果所在位置

Ch07\效果\制作箱包 App 主页 Banner.psd。

（1）按 Ctrl＋O 组合键，打开云盘中的 "Ch07 ＞ 素材 ＞ 制作箱包 App 主页 Banner ＞ 01" 文

件，如图 7-63 所示。选择钢笔工具 ，在属性栏的"选择工具模式"中选择"路径"选项，在图像窗口中沿着实物轮廓绘制路径，如图 7-64 所示。

（2）按住 Ctrl 键的同时，钢笔工具 转换为直接选择工具 ，如图 7-65 所示。拖曳路径中的锚点来改变路径的弧度，如图 7-66 所示。

图 7-63

图 7-64

图 7-65

图 7-66

（3）将鼠标指针移动到路径上，钢笔工具 转换为添加锚点工具 ，如图 7-67 所示，在路径上单击以添加锚点，如图 7-68 所示。按住 Ctrl 键的同时，钢笔工具 转换为直接选择工具 ，拖曳路径中的锚点来改变路径的弧度，如图 7-69 所示。

图 7-67

图 7-68

图 7-69

（4）用相同的方法调整路径，效果如图 7-70 所示。单击属性栏中的"路径操作"按钮 ，在弹出的菜单中选择"排除重叠形状"命令，在适当的位置再次绘制多个路径，如图 7-71 所示。按 Ctrl+Enter 组合键，将路径转换为选区，如图 7-72 所示。

图 7-70

图 7-71

图 7-72

（5）按 Ctrl+N 组合键，弹出"新建文档"对话框，设置宽度为 750 像素，高度为 200 像素，分辨率为 72 像素/英寸，颜色模式为 RGB 颜色，背景内容为浅蓝色（232、239、248），单击"确定"按钮，新建一个文件。

（6）选择移动工具 ，将选区中的图像拖曳到新建的图像窗口中，图像效果如图 7-73 所示，"图层"控制面板中生成新的图层，将其命名为"包包"。按 Ctrl+T 组合键，图像周围出现变换框，拖曳鼠标调整图像的大小和位置，按 Enter 键确定操作，图像效果如图 7-74 所示。

图 7-73

图 7-74

（7）新建图层并将其命名为"投影"。将前景色设为黑色。选择椭圆选框工具 ⬭，在属性栏中将"羽化"设为 5 像素，在图像窗口中拖曳鼠标以绘制椭圆选区。按 Alt+Delete 组合键，用前景色填充选区。按 Ctrl+D 组合键，取消选区，图像效果如图 7-75 所示。在"图层"控制面板中，将"投影"图层拖曳到"包包"图层的下方，图像效果如图 7-76 所示。

（8）选择"包包"图层。按 Ctrl+O 组合键，打开云盘中的"Ch07 > 素材 > 制作箱包 App 主页 Banner > 02"文件。选择移动工具 ✛，将"02"图片拖曳到新建的图像窗口中适当的位置，图像效果如图 7-77 所示，"图层"控制面板中生成新的图层，将其命名为"文字"。箱包 App 主页 Banner 制作完成。

图 7-75

图 7-76

图 7-77

7.2.2 钢笔工具

选择钢笔工具 ⌀，或反复按 Shift+P 组合键切换到该工具，钢笔工具的属性栏如图 7-78 所示。

按住 Shift 键时，将以 45° 或 45° 的倍数绘制路径。按住 Alt 键，当鼠标指针移到锚点上时，钢笔工具 ⌀ 转换为转换点工具 ⌐。按住 Ctrl 键，钢笔工具 ⌀ 转换为直接选择工具 ⌐。

图 7-78

绘制直线段。新建一个文件。选择钢笔工具 ⌀，在属性栏中的"选择工具模式"中选择"路径"选项，使用钢笔工具 ⌀ 绘制的将是路径。如果选择"形状"选项，将创建形状图层。勾选"自动添加/删除"复选框，可以在选取的路径上自动添加和删除锚点。

在图像中任意位置单击，创建一个锚点，将鼠标指针移动到其他位置再次单击，创建第二个锚点，两个锚点之间自动以直线段进行连接，如图 7-79 所示。再将鼠标指针移动到其他位置单击，创建第三个锚点，系统将在第二个和第三个锚点之间生成一条新的直线段，如图 7-80 所示。

将鼠标指针移至第二个锚点上，"钢笔"工具 ⌀ 暂时转换为删除锚点工具 ⌀，如图 7-81 所示。在锚点上单击，即可将第二个锚点删除，如图 7-82 所示。

图 7-79

图 7-80

图 7-81

图 7-82

绘制曲线段。选择钢笔工具 ⌀，单击创建新的锚点并按住鼠标左键不放，拖曳鼠标，创建曲线段和曲线锚点，如图 7-83 所示。释放鼠标，按住 Alt 键的同时，单击刚创建的曲线锚点，如图 7-84 所示，将其转换为直线锚点。在其他位置再次单击创建下一个新的锚点，在曲线段后绘制出直线段，如图 7-85 所示。

图 7-83

图 7-84

图 7-85

7.2.3 自由钢笔工具

选择自由钢笔工具 ，其属性栏如图 7-86 所示。

图 7-86

在图像上单击以确定最初的锚点，沿图像小心地拖曳鼠标，如图 7-87 所示，单击闭合路径后，效果如图 7-88 所示。如果在选择时存在误差，可以使用其他的路径工具对路径进行修改和调整。

图 7-87

图 7-88

7.2.4 添加锚点工具

将鼠标指针移动到建立的路径上，若此处没有锚点，则钢笔工具 转换成添加锚点工具 ，如图 7-89 所示。在路径上单击可以添加一个直线锚点，效果如图 7-90 所示。

将鼠标指针移动到建立的路径上，若此处没有锚点，则钢笔工具 转换成添加锚点工具 ，若此时按住鼠标左键不放，向上拖曳鼠标，则会建立曲线段和曲线锚点，效果如图 7-91 所示。

图 7-89

图 7-90

图 7-91

7.2.5 删除锚点工具

将鼠标指针移动到路径的锚点上，则钢笔工具 转换成删除锚点工具 ，如图 7-92 所示。单击锚点将其删除，效果如图 7-93 所示。

图 7-92

图 7-93

将鼠标指针移动到曲线路径的锚点上，单击锚点也可以将其删除。

7.2.6　转换点工具

选择钢笔工具 ⌀，在图像窗口中绘制三角形路径，当要闭合路径时鼠标指针变为 ♦ 形状，如图 7-94 所示，单击即可闭合路径，完成三角形路径的绘制，如图 7-95 所示。

图 7-94

图 7-95

选择转换点工具 ↖，将鼠标指针放置在三角形左下角的锚点上，如图 7-96 所示。单击锚点并将其向右下方拖曳，使其转换为曲线锚点，如图 7-97 所示。用相同的方法，将三角形的其他锚点转换为曲线锚点，绘制完成后，路径效果如图 7-98 所示。

图 7-96

图 7-97

图 7-98

7.2.7　课堂案例——制作音乐节装饰画

🖋 案例学习目标

学习使用钢笔工具和"用前景色填充路径"按钮制作图形。

🔒 案例知识要点

使用钢笔工具绘制路径，使用"用前景色填充路径"按钮为路径填充颜色；使用"创建新路径"按钮新建路径，效果如图 7-99 所示。

图 7-99

微课视频

扫码观看
本案例视频

扩展阅读

◉ 效果所在位置

Ch07\效果\制作音乐节装饰画.psd。

（1）按 Ctrl+O 组合键，打开云盘"Ch07 > 素材 > 制作音乐节装饰画 > 01、02"文件。选择移动工具 ⊕，将"02"图像拖曳到"01"图像窗口中适当的位置，效果如图 7-100 所示，"图层"控制面板中生成新的图层，将其命名为"耳机"。

（2）新建图层并将其命名为"线条 1"。将前景色设为红色（229、52、63）。选择钢笔工具 ⊘，在属性栏中的"选择工具模式"中选择"路径"选项，绘制路径，效果如图 7-101 所示。单击"路径"面板下方的"用前景色填充路径"按钮 ●，填充路径，效果如图 7-102 所示。

图 7-100   图 7-101   图 7-102

（3）单击"路径"控制面板下方的"创建新路径"按钮 ▣，"路径"控制面板中生成"路径 1"路径，如图 7-103 所示。将前景色设为绿色（147、197、46）。选择钢笔工具 ⊘，绘制路径，效果如图 7-104 所示。单击"路径"控制面板下方的"用前景色填充路径"按钮 ●，填充路径，效果如图 7-105 所示。

图 7-103   图 7-104   图 7-105

（4）单击"路径"控制面板下方的"创建新路径"按钮 ▣，"路径"控制面板中生成"路径 2"路径，如图 7-106 所示。将前景色设为黄色（248、232、145）。选择钢笔工具 ⊘，绘制路径，效果如图 7-107 所示。单击"路径"控制面板下方的"用前景色填充路径"按钮 ●，填充路径，效果如图 7-108 所示。

（5）按 Ctrl+O 组合键，打开云盘"Ch07 > 素材 > 制作音乐节装饰画 > 03"文件。选择移动工具 ⊕，将"03"图像拖曳到"01"图像窗口中适当的位置，效果如图 7-109 所示，"图层"面板中生成新的图层，将其命名为"装饰"。音乐节装饰画制作完成。

图 7-106   图 7-107   图 7-108   图 7-109

7.2.8 "路径"控制面板

绘制一条路径。选择"窗口 > 路径"命令，弹出"路径"控制面板，如图 7-110 所示。单击"路径"控制面板右上方的 ≡ 图标，弹出下拉列表，如图 7-111 所示。在"路径"控制面板的底部有 7 个工具按钮，如图 7-112 所示。

图 7-110

图 7-111

图 7-112

用前景色填充路径 ：单击此按钮，将对当前选中路径进行填充，填充的对象包括当前路径的所有子路径及不连续的路径线段。如果选定了路径中的一部分，面板菜单中的"填充路径"命令将变为"填充子路径"命令。如果被填充的路径为开放路径，Photoshop 将自动以直线段连接路径的两个端点，然后进行填充。如果只有一条开放的路径，则不能进行填充。按住 Alt 键的同时单击此按钮，将弹出"填充路径"对话框。

用画笔描边路径 ○：单击此按钮，系统将使用当前的颜色和当前在"描边路径"对话框中选择的工具对路径进行描边。按住 Alt 键的同时单击此按钮，将弹出"描边路径"对话框。

将路径作为选区载入 ：单击此按钮，将把当前路径所圈选的范围转换为选区。按住 Alt 键的同时单击此按钮，将弹出"建立选区"对话框。

从选区生成工作路径 ◇：单击此按钮，将把当前的选区转换成路径。按住 Alt 键的同时单击此按钮，将弹出"建立工作路径"对话框。

添加蒙版 ▣：用于为当前图层添加蒙版。

创建新路径 ◈：用于创建一个新的路径。

删除当前路径 ▥：用于删除当前路径。直接拖曳"路径"控制面板中的一个路径到此按钮上，可将整个路径全部删除。

7.2.9 新建路径

新建路径的方法有 2 种。第 1 种方法是单击"路径"控制面板右上方的 ≡ 图标，弹出下拉列表，选择"新建路径"命令，弹出"新建路径"对话框，如图 7-113 所示。

第 2 种方法是单击"路径"控制面板下方的"创建新路径"按钮 ◈，可以创建一个新路径。按住 Alt 键的同时单击"创建新路

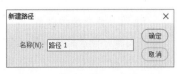

图 7-113

径”按钮 🔲 ，将弹出“新建路径”对话框，设置完成后，单击“确定”按钮可创建路径。

7.2.10　复制、删除、重命名路径

1. 复制路径

单击“路径”控制面板右上方的 ≡ 图标，弹出下拉列表，选择“复制路径”命令，弹出“复制路径”对话框，如图 7-114 所示，在“名称”文本框中设置复制路径的名称，单击“确定”按钮，“路径”控制面板如图 7-115 所示。

将要复制的路径拖曳到“路径”控制面板下方的“创建新路径”按钮 🔲 上，也可复制所选的路径。

2. 删除路径

单击“路径”控制面板右上方的 ≡ 图标，弹出菜单，选择“删除路径”命令，将路径删除。或选择需要删除的路径，单击控制面板下方的“删除当前路径”按钮 🗑 ，将选择的路径删除。

3. 重命名路径

双击“路径”控制面板中的路径名，出现重命名路径的文本框，如图 7-116 所示，更改名称后按 Enter 键确认即可，如图 7-117 所示。

图 7-114

图 7-115

图 7-116

图 7-117

7.2.11　选区和路径的转换

1. 将选区转换为路径

在图像上绘制选区，如图 7-118 所示。单击“路径”控制面板右上方的 ≡ 图标，在弹出的菜单中选择“建立工作路径”命令，弹出“建立工作路径”对话框，“容差”选项用于设置转换时的误差允许范围，数值越小越精确，路径上的关键点也越多。如果要编辑生成的路径，在此处设定的数值最好为 2，如图 7-119 所示，单击“确定”按钮，将选区转换为路径，效果如图 7-120 所示。

图 7-118

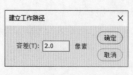
图 7-119

图 7-120

单击“路径”控制面板下方的“从选区生成工作路径”按钮 ◇ ，也可以将选区转换为路径。

2. 将路径转换为选区

在图像中创建路径，如图 7-121 所示。单击“路径”控制面板右上方的 ≡ 图标，在弹出的菜单中选择“建立选区”命令，弹出“建立选区”对话框，如图 7-122 所示。设置完成后，单击“确定”按钮，将路径转换为选区，效果如图 7-123 所示。

图 7-121   图 7-122   图 7-123

单击"路径"控制面板下方的"将路径作为选区载入"按钮，也可以将路径转换为选区。

7.2.12 路径选择工具

路径选择工具可以用于选择单个或多个路径，还可以用来组合、对齐和分布路径。

选择路径选择工具，或反复按 Shift+A 组合键切换到该工具，路径选择工具的属性栏如图 7-124 所示。

图 7-124

选择：用于设置所选路径所在的图层。

约束路径拖动：勾选此复选框，可以只移动两个锚点间的路径，其他路径不受影响。

7.2.13 直接选择工具

使用直接选择工具可以移动路径中的锚点或线段，还可以调整手柄和控制节点。

路径的原始效果如图 7-125 所示。选择直接选择工具，拖曳路径中的锚点可以改变路径的弧度，如图 7-126 所示。

图 7-125   图 7-126

7.2.14 填充路径

在图像中创建路径，单击"路径"控制面板右上方的▤图标，在弹出的菜单中选择"填充路径"命令，弹出"填充路径"对话框，如图 7-127 所示。设置完成后，单击"确定"按钮，效果如图 7-128 所示。

还可以通过单击"路径"控制面板下方的"用前景色填充路径"按钮，填充路径。按 Alt 键的同时单击"用前景色填充路径"按钮，将弹出"填充路径"对话框，设置完成后，单击"确定"按钮，填充路径。

图 7-127

图 7-128

7.2.15 描边路径

在图像中创建路径，单击"路径"控制面板右上方的 ☰ 图标，在弹出的菜单中选择"描边路径"命令，弹出"描边路径"对话框。在"工具"下拉列表中共有 19 种工具，若选择了画笔工具，在画笔属性栏中设定的画笔类型将直接影响此处的描边效果。

"描边路径"对话框中的设置如图 7-129 所示，单击"确定"按钮，效果如图 7-130 所示。

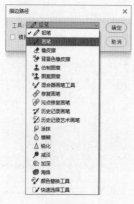

图 7-129

图 7-130

还可以通过单击"路径"控制面板下方的"用画笔描边路径"按钮 ○，描边路径。按住 Alt 键的同时单击"用画笔描边路径"按钮 ○，将弹出"描边路径"对话框，设置完成后，单击"确定"按钮，描边路径。

7.3 3D 图形的创建

在 Photoshop 中可以将平面图转换为 3D 模型。只有将图层转换为 3D 图层，才能使用相关的 3D 工具和命令。

打开一幅图像，如图 7-131 所示。选择"3D > 从图层新建网格 > 网格预设"命令，弹出图 7-132 所示的子菜单，选择需要的命令可以创建不同的 3D 模型。

选择各命令创建出的 3D 模型如图 7-133 所示。

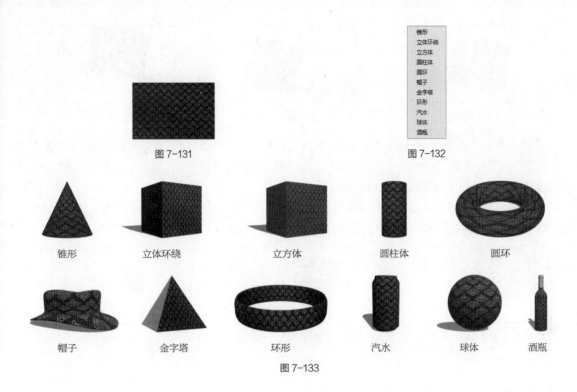

图 7-131　　　　　　　　　　　　　　　图 7-132

锥形　　　　立体环绕　　　　立方体　　　　圆柱体　　　　圆环

帽子　　　　金字塔　　　　环形　　　　汽水　　　　球体　　　　酒瓶

图 7-133

7.4　3D 工具的使用

在 Photoshop 中使用 3D 工具可以旋转、缩放模型或调整模型位置。当操作 3D 模型时，相机视图应保持固定。

打开一张包含 3D 模型的图片，如图 7-134 所示。选中 3D 图层，在属性栏中选择环绕移动 3D 相机工具，图像窗口中的鼠标指针变为形状，上下拖曳鼠标可使模型围绕其 x 轴旋转，如图 7-135 所示；左右拖曳鼠标可使模型围绕其 y 轴旋转，效果如图 7-136 所示。按住 Alt 键的同时进行拖曳可滚动模型。

图 7-134　　　　　　　　图 7-135　　　　　　　　图 7-136

在属性栏中选择滚动 3D 相机工具，图像窗口中的鼠标指针变为形状，左右拖曳鼠标可使模型绕其 z 轴旋转，效果如图 7-137 所示。

在属性栏中选择平移 3D 相机工具，图像窗口中的鼠标指针变为形状，左右拖曳鼠标可沿水平方向移动模型，如图 7-138 所示；上下拖曳鼠标可沿垂直方向移动模型，如图 7-139 所示。按住 Alt 键的同时进行拖曳可沿 x/z 轴方向移动模型。

图 7-137 　　　　　　　　　图 7-138 　　　　　　　　　图 7-139

在属性栏中选择滑动 3D 相机工具，图像窗口中的鼠标指针变为　形状，左右拖曳鼠标可沿水平方向移动模型，如图 7-140 所示；上下拖曳鼠标可将模型移近或移远，如图 7-141 所示。按住 Alt 键的同时进行拖曳可沿 x/y 轴方向移动模型。

在属性栏中选择变焦 3D 相机工具，图像窗口中的鼠标指针变为　形状，上下拖曳鼠标可将模型放大或缩小，如图 7-142 所示。按住 Alt 键的同时进行拖曳可沿 z 轴方向缩放模型。

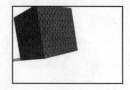

图 7-140 　　　　　　　　　图 7-141 　　　　　　　　　图 7-142

课堂练习——制作箱包类促销 Banner

🔗 练习知识要点

使用圆角矩形工具绘制箱体，使用直接选择工具调整锚点，使用矩形工具和椭圆工具绘制拉杆和滑轮，使用多边形工具和自定形状工具绘制装饰图形，使用路径选择工具选取和复制图形，效果如图 7-143 所示。

图 7-143

◎ 效果所在位置

Ch07\效果\制作箱包类促销 Banner.psd。

课后习题——制作端午节海报

习题知识要点

使用快速选择工具抠出粽子，使用污点修复画笔工具和仿制图章工具修复斑点和牙签，使用"变换"命令使粽子图形变形，使用"色彩范围"命令抠出云，使用钢笔工具抠出龙舟，使用椭圆选框工具抠出豆子，使用"创建新的填充或调整图层"按钮调整图像颜色，效果如图 7-144 所示。

图 7-144

效果所在位置

Ch07\效果\制作端午节海报.psd。

08

第 8 章
调整图像的色彩和色调

本章介绍

　　本章主要介绍调整图像色彩与色调的多种命令。通过对本章的学习，读者可以根据不同的需要应用多种调整命令对图像的色彩或色调进行细微的调整，还可以对图像进行特殊的颜色处理。

学习目标

✔ 熟练掌握调整图像色彩与色调的方法。
✔ 掌握特殊的颜色处理技巧。

技能目标

✔ 掌握"休闲生活类公众号封面首图"的制作方法。
✔ 掌握"详情页主图中偏色的图片"的修正方法。
✔ 掌握"传统美食公众号封面次图"的制作方法。
✔ 掌握"照片的色彩与明度"的调整方法。
✔ 掌握"特殊艺术照片"的制作方法。
✔ 掌握"舞蹈培训公众号运营海报"的制作方法。

素养目标

✔ 培养科学的思维方式和理性的判断力。
✔ 培养积极进取的学习精神。
✔ 培养独立思考与主动创新意识。

8.1　图像色彩与色调的调整

调整图像的色彩与色调是 Photoshop 的强项，也是我们必须掌握的一项功能。在实际的设计制作中经常会用到这项功能。

8.1.1　课堂案例——制作休闲生活类公众号封面首图

案例学习目标

学习使用"自动色调"命令调整图片颜色。

案例知识要点

使用"自动色调"命令和"色调均化"命令调整图片的颜色，效果如图 8-1所示。

图 8-1

效果所在位置

Ch08\效果\制作休闲生活类公众号封面首图.psd。

（1）按 Ctrl+N 组合键，弹出"新建文档"对话框，设置宽度为 1175 像素，高度为 500 像素，分辨率为 72 像素/英寸，颜色模式为 RGB 颜色，背景内容为白色，单击"创建"按钮，新建一个文件。

（2）按 Ctrl+O 组合键，打开云盘中的"Ch08 > 素材 > 制作休闲生活类公众号封面首图 > 01"文件。选择移动工具 ⊕，将"01"图片拖曳到新建的图像窗口中适当的位置，如图 8-2 所示，"图层"控制面板中生成新的图层，将其命名为"图片"。按 Ctrl+J 组合键，复制"图片"图层，生成新的图层"图片 拷贝"，如图 8-3 所示。

图 8-2

图 8-3

（3）选择"图像 > 自动色调"命令，调整图像的色调，效果如图 8-4 所示。选择"图像 > 调整 > 色调均化"命令，调整图像，效果如图 8-5 所示。

图 8-4

图 8-5

图 8-6

（4）按 Ctrl + O 组合键，打开云盘中的"Ch08 > 素材 > 制作休闲生活类公众号封面首图 > 02"文件。选择移动工具 ⊕，将"02"图片拖曳到新建的图像窗口中适当的位置，效果如图 8-6 所示，"图层"控制面板中生成新的图层，将其命名为"文字"。休闲生活类公众号封面首图制作完成。

8.1.2 自动色调

"自动色调"命令可以对图像的色调进行自动调整。系统将以 0.10% 的色调调整幅度对图像进行加亮和变暗处理。按 Shift+Ctrl+L 组合键，可以对图像的色调进行自动调整。

8.1.3 自动对比度

"自动对比度"命令可以对图像的对比度进行自动调整。按 Alt+Shift+Ctrl+L 组合键，可以对图像的对比度进行自动调整。

8.1.4 自动颜色

"自动颜色"命令可以对图像的色彩进行自动调整。按 Shift+Ctrl+B 组合键，可以对图像的色彩进行自动调整。

8.1.5 亮度/对比度

"亮度/对比度"命令可以调整整个图像的亮度和对比度。

打开一幅图像，如图 8-7 所示。选择"图像 > 调整 > 亮度/对比度"命令，弹出"亮度/对比度"对话框，具体设置如图 8-8 所示，单击"确定"按钮，效果如图 8-9 所示。

图 8-7

图 8-8

图 8-9

8.1.6 色阶

打开一幅图像，如图 8-10 所示。选择"图像 > 调整 > 色阶"命令，或按 Ctrl+L 组合键，弹出"色阶"对话框，如图 8-11 所示。对话框中间是一个直方图，其横坐标的范围为 0~255，表示亮度值，纵坐标为图像的像素值。

图 8-10

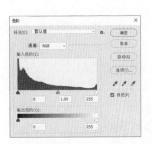

图 8-11

通道：可以选择不同的颜色通道来调整图像。如果想选择两个以上的颜色通道，要先在"通道"控制面板中选择所需的通道，再调出"色阶"对话框。

输入色阶：可以通过输入数值或拖曳滑块来调整图像。左侧的数值框和黑色滑块用于调整黑色，图像中低于该亮度值的所有像素将变为黑色；中间的数值框和灰色滑块用于调整灰度，其数值范围为0.01~9.99；右侧的数值框和白色滑块用于调整白色，图像中高于该亮度值的所有像素将变为白色。

调整"输入色阶"选项的 3 个滑块至不同位置，图像将产生不同的色彩效果，如图 8-12 所示。

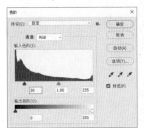

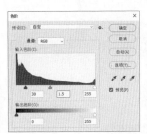

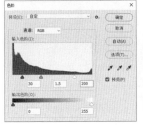

图 8-12

输出色阶：可以通过输入数值或拖曳滑块来控制图像的亮度范围。左侧的数值框和黑色滑块用于调整图像中最暗像素的亮度，右侧的数值框和白色滑块用于调整图像中最亮像素的亮度。

调整"输出色阶"选项的两个滑块至不同位置，图像将产生不同的色彩效果，如图 8-13 所示。

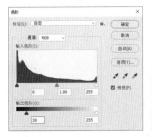

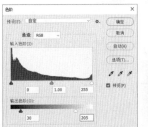

图 8-13

自动(A)：可以自动调整图像并设置层次。

选项(T)...：单击此按钮，将弹出"自动颜色校正选项"对话框，系统将以 0.10% 的色阶调整幅度对图像进行加亮和变暗处理。

取消：按住 Alt 键，该按钮变为 复位 按钮，单击此按钮可以将调整过的色阶复位，以便重新进行设置。

🖋 🖋 🖋：分别为黑色吸管工具、灰色吸管工具和白色吸管工具。选中黑色吸管工具，在图像中单击确定一点，图像中暗于单击点的所有像素都会变为黑色；用灰色吸管工具在图像中单击，单击点的像素变为灰色，图像中的其他颜色也会有相应调整；用白色吸管工具在图像中单击确定一点，图像中亮于单击点的所有像素都会变为白色。双击任意吸管工具，可以在弹出的"拾色器"对话框中设置吸管颜色。

8.1.7 曲线

"曲线"命令可以通过调整图像色彩曲线上的任意一个像素点来改变图像的色彩范围。

打开一幅图像，如图 8-14 所示。选择"图像 > 调整 > 曲线"命令，或按 Ctrl+M 组合键，弹出对话框，如图 8-15 所示。在图像中单击，如图 8-16 所示，对话框中的曲线上会出现一个矩形，横坐标为色彩的输入值，纵坐标为色彩的输出值，如图 8-17 所示。

图 8-14

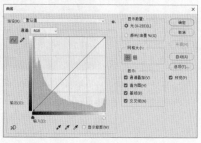

图 8-15

图 8-16

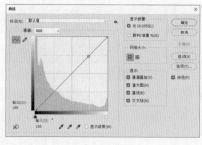

图 8-17

通道：可以选择图像的颜色调整通道。

〰：可以改变曲线的形状。

✎：可以添加或删除控制节点。

输入/输出：显示图表中控制点所在位置的当前强度值/新强度值。

显示数量：可以选择图表的显示方式。

网格大小：可以选择图表中网格的显示大小。

显示：可以选择图表显示的内容。

自动(A)：可以自动调整图像的亮度。

以不同方式调整曲线形状后的图像效果如图 8-18 所示。

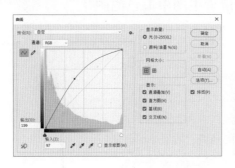

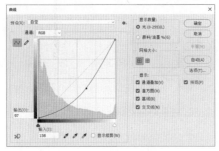

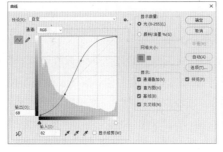

图 8-18

8.1.8　曝光度

打开一幅图像。选择"图像 > 调整 > 曝光度"命令，弹出"曝光度"对话框，具体设置如图 8-19 所示。单击"确定"按钮，效果如图 8-20 所示。

图 8-19

图 8-20

曝光度：可以调整色彩范围的高光端，对极限阴影的影响很轻微。

位移：可以使阴影和中间调变暗，对高光部分的影响很轻微。

灰度系数校正：可以使用乘方函数调整图像的灰度系数。

8.1.9　课堂案例——修正详情页主图中偏色的图片

案例学习目标

学习使用图像调整命令调整偏色的图片。

案例知识要点

使用"色相/饱和度"命令调整照片的色调，效果如图 8-21 所示。

图 8-21

效果所在位置

Ch08\效果\修正详情页主图中偏色的图片.psd。

（1）按 Ctrl+N 组合键，弹出"新建文档"对话框，设置宽度为 800 像素，高度为 800 像素，分辨率为 72 像素/英寸，颜色模式为 RGB 颜色，背景内容为白色，单击"创建"按钮，新建一个文件。

（2）按 Ctrl+O 组合键，打开云盘中的"Ch08 > 素材 > 修正详情页主图中偏色的图片 > 01"文件，如图 8-22 所示。选择移动工具 ，将"01"图片拖曳到新建的图像窗口中适当的位置，"图层"控制面板中生成新图层，将其命名为"包包"，如图 8-23 所示。选择"图像 > 调整 > 色相/饱和度"命令，在弹出的对话框中进行设置，如图 8-24 所示。

图 8-22　　　　　　　　　　图 8-23　　　　　　　　　　　　图 8-24

（3）单击"全图"，在弹出的下拉列表中选择"红色"选项，切换到相应的面板中进行设置，如图 8-25 所示。单击"红色"，在弹出的下拉列表中选择"黄色"选项，切换到相应的面板中进行设置，如图 8-26 所示。

图 8-25

图 8-26

（4）单击"黄色"，在弹出的下拉列表中选择"青色"选项，切换到相应的面板中进行设置，如图 8-27 所示。单击"青色"，在弹出的下拉列表中选择"蓝色"选项，切换到相应的面板中进行设置，如图 8-28 所示。

图 8-27

图 8-28

（5）单击"蓝色"，在弹出的下拉列表中选择"洋红"选项，切换到相应的面板中进行设置，如图 8-29 所示，单击"确定"按钮，效果如图 8-30 所示。

图 8-29

图 8-30

（6）单击"图层"控制面板下方的"添加图层样式"按钮 _fx_，在弹出的菜单中选择"投影"命令。弹出对话框，各选项的设置如图 8-31 所示，单击"确定"按钮，效果如图 8-32 所示。

（7）按 Ctrl+O 组合键，打开云盘中的"Ch08 > 素材 > 修正详情页主图中偏色的图片 > 02"文件，如图 8-33 所示。选择移动工具 ✛，将"02"图片拖曳到新建的图像窗口中适当的位置，效果如图 8-34 所示，"图层"控制面板中生成新图层，将其命名为"文字"。详情页主图中偏色的图片修正完成。

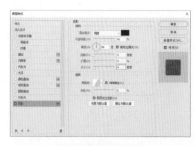

图 8-31　　　　　　　　　图 8-32　　　　　　　图 8-33　　　　　　图 8-34

8.1.10　色相/饱和度

打开一幅图像，如图 8-35 所示。选择"图像 > 调整 > 色相/饱和度"命令，或按 Ctrl+U 组合键，弹出"色相/饱和度"对话框，具体设置如图 8-36 所示。单击"确定"按钮，效果如图 8-37所示。

图 8-35　　　　　　　　　　图 8-36　　　　　　　　　　图 8-37

预设：用于选择要调整的色彩范围，可以通过拖曳对应选项下的滑块来调整图像的色相、饱和度和明度。

着色：用于在由灰度模式转换而来的图像中添加需要的颜色。

在对话框中勾选"着色"复选框，其他设置如图 8-38 所示，单击"确定"按钮，图像效果如图 8-39 所示。

图 8-38　　　　　　　　　　　　　　　图 8-39

8.1.11　色彩平衡

选择"图像 > 调整 > 色彩平衡"命令，或按 Ctrl+B 组合键，弹出"色彩平衡"对话框，如图 8-40 所示。

色彩平衡：用于添加过渡色来平衡色彩效果，拖曳滑块可以调整整个图像的色彩，也可以在"色阶"数值框中直接输入数值来调整图像的色彩。

色调平衡：用于选取图像的调整区域，包括阴影、中间调和高光。

保持明度：用于保持原图像的明度。

设置不同的色彩平衡参数后，图像效果如图 8-41 所示。

图 8-40

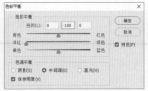

图 8-41

8.1.12 课堂案例——制作传统美食公众号封面次图

案例学习目标

学习使用不同的图像调整命令调整食物图片。

案例知识要点

使用"照片滤镜"命令和"阴影/高光"命令调整美食照片，使用横排文字工具添加文字，效果如图 8-42 所示。

图 8-42

效果所在位置

Ch08\效果\制作传统美食公众号封面次图.psd。

（1）按 Ctrl＋O 组合键，打开云盘中的"Ch08 > 素材 > 制作传统美食公众号封面次图 > 01"文件，如图 8-43 所示。将"背景"图层拖曳到"图层"控制面板下方的"创建新图层"按钮 🖿 上进行复制，生成新的图层"背景 拷贝"，如图 8-44 所示。

（2）选择"图像 > 调整 > 照片滤镜"命令，在弹出的对话框中进行设置，如图 8-45 所示，单击"确定"按钮，效果如图 8-46 所示。

（3）选择"图像 > 调整 > 阴影/高光"命令，弹出对话框，勾选"显示更多选项"复选框，各选项的设置如图 8-47 所示，单击"确定"按钮，图像效果如图 8-48 所示。

图 8-43　　　　　　　图 8-44　　　　　　　　　图 8-45　　　　　　　　图 8-46

（4）选择横排文字工具 **T.**，在适当的位置输入并选取需要的文字。选择"窗口 > 字符"命令，弹出"字符"控制面板，在其中将"颜色"设为白色，其他选项的设置如图 8-49 所示。按 Enter 键确定操作，效果如图 8-50 所示，"图层"控制面板中生成新的文字图层。

图 8-47　　　　　　　　　图 8-48　　　　　　　　　图 8-49　　　　　　　　图 8-50

（5）再次在适当的位置输入并选取需要的文字，在"字符"控制面板中进行设置，如图 8-51 所示，效果如图 8-52 所示，"图层"控制面板中生成新的文字图层。用相同的方法制作出图 8-53 所示的效果，传统美食公众号封面次图制作完成。

图 8-51　　　　　　　　　图 8-52　　　　　　　　图 8-53

8.1.13　照片滤镜

"照片滤镜"命令用于模仿传统相机的滤镜效果处理图像，调整图片颜色可制作出丰富的效果。

打开一幅图像，如图 8-54 所示。选择"图像 > 调整 > 照片滤镜"命令，弹出"照片滤镜"对话框，如图 8-55 所示。

图 8-54　　　　　　　　　　　　　　图 8-55

滤镜：用于选择颜色调整的过滤模式。

颜色：单击右侧的色标，弹出"照片滤镜颜色"对话框，在其中可以设置颜色值来对图像进行过滤。

浓度：可以设置过滤颜色的百分比。

保留明度：勾选此复选框，图片中白色部分的颜色保持不变；取消勾选此复选框，则图片的全部颜色都会发生改变，效果如图 8-56 所示。

  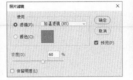 

图 8-56

8.1.14 反相

选择"图像 > 调整 > 反相"命令，或按 Ctrl+I 组合键，可以将图像或选区的像素颜色转换为其补色，使其出现底片效果。不同色彩模式的图像反相后的效果如图 8-57 所示。

原始图像　　　　RGB 颜色模式的图像反相后的效果　　　CMYK 颜色模式的图像反相后的效果

图 8-57

 反相效果是对图像的每一个颜色通道进行反相后的合成效果，不同色彩模式的图像反相后的效果是不同的。

8.1.15 渐变映射

打开一幅图像。选择"图像 > 调整 > 渐变映射"命令，弹出"渐变映射"对话框，如图 8-58 所示。单击"点按可编辑渐变"按钮 ，在弹出的"渐变编辑器"对话框中设置渐变色，如图 8-59 所示。单击"确定"按钮，图像效果如图 8-60 所示。

 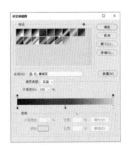 

图 8-58　　　　　　　　　　图 8-59　　　　　　　　　　图 8-60

灰度映射所用的渐变：用于选择和设置渐变色。

仿色：用于为转变色阶后的图像增加仿色。

反向：用于反转转变色阶后的图像颜色。

8.1.16　课堂案例——调整照片的色彩与明度

 案例学习目标

学习使用不同的图像调整命令调整图片的颜色。

案例知识要点

使用"可选颜色"命令和"曝光度"命令调整图片的颜色，效果如图 8-61 所示。

微课视频

扫码观看
本案例视频

扩展阅读

图 8-61

效果所在位置

Ch08\效果\调整照片的色彩与明度.psd。

（1）按 Ctrl+O 组合键，打开云盘中的"Ch08 > 素材 > 调整照片的色彩与明度 > 01"文件，如图 8-62 所示。将"背景"图层拖曳到"图层"控制面板下方的"创建新图层"按钮 上进行复制，生成新的图层"背景 拷贝"，如图 8-63 所示。

图 8-62

图 8-63

（2）选择"图像 > 调整 > 可选颜色"命令，弹出"可选颜色"对话框，各选项的设置如图 8-64 所示。单击"颜色"右侧的下拉按钮，在弹出的下拉列表中选择"蓝色"选项，切换到相应的面板，具体设置如图 8-65 所示。单击"颜色"右侧的下拉按钮，在弹出的下拉列表中选择"青色"选项，切换到相应的面板，具体设置如图 8-66 所示，单击"确定"按钮。

（3）选择"图像 > 调整 > 曝光度"命令，弹出"曝光度"对话框，各选项的设置如图 8-67 所示，单击"确定"按钮，图像效果如图 8-68 所示。

图 8-64 图 8-65 图 8-66

图 8-67 图 8-68

（4）选择横排文字工具 **T**，在图像窗口中输入并选取需要的文字。按 Ctrl+T 组合键，弹出"字符"控制面板，各选项的设置如图 8-69 所示，按 Enter 键确定操作，图像效果如图 8-70 所示，"图层"控制面板中生成新的文字图层。照片的色彩与明度调整完成。

图 8-69 图 8-70

8.1.17 可选颜色

打开一幅图像，如图 8-71 所示。选择"图像 > 调整 > 可选颜色"命令，弹出"可选颜色"对话框，具体设置如图 8-72 所示，单击"确定"按钮，效果如图 8-73 所示。

图 8-71 图 8-72 图 8-73

颜色：可以选择图像中的不同色彩，通过拖曳滑块或输入数值可调整青色、洋红、黄色、黑色的百分比。

方法：可以选择调整方法，包括"相对"和"绝对"选项。

8.1.18　阴影/高光

打开一幅图像。选择"图像 > 调整 > 阴影/高光"命令，弹出"阴影/高光"对话框，具体设置如图 8-74 所示。单击"确定"按钮，效果如图 8-75 所示。

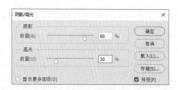

图 8-74

图 8-75

8.1.19　色调均化

"色调均化"命令用于调整图像或选区中的过黑部分，使图像变得明亮，并将图像中其他的像素平均分配在亮度色谱中。

选择"图像 > 调整 > 色调均化"命令，在不同的色彩模式下图像将产生不同的效果，如图 8-76 所示。

原始图像　　　RGB 图像色调均化后的效果　　CMYK 图像色调均化后的效果　Lab 图像色调均化后的效果

图 8-76

8.2　特殊颜色的处理

使用特殊颜色处理命令可以使图像产生独特的颜色变化。

8.2.1　课堂案例——制作特殊艺术照片

案例学习目标

使用"创建新的填充或调整图层"按钮制作特殊艺术照片。

案例知识要点

使用矩形选框工具、"渐变填充"命令和"通道混合器"命令制作艺术照片，效果如图 8-77 所示。

微课视频

扫码观看
本案例视频

扩展阅读

图 8-77

◎ 效果所在位置

Ch08\效果\制作特殊艺术照片.psd。

（1）按 Ctrl+O 组合键，打开云盘中的"Ch08 > 素材 > 制作特殊艺术照片 > 01"文件，如图 8-78 所示。选择矩形选框工具，在图像窗口中适当的位置绘制一个矩形选区，效果如图 8-79 所示。

图 8-78   图 8-79

（2）单击"图层"面板下方的"创建新的填充或调整图层"按钮，在弹出的菜单中选择"渐变填充"命令，"图层"控制面板中生成"渐变填充 1"图层，同时弹出"渐变填充"对话框。单击"点按可编辑渐变"右侧的按钮，选择需要的渐变，如图 8-80 所示，返回到"渐变填充"对话框中，其他设置如图 8-81 所示。单击"确定"按钮，效果如图 8-82 所示。

图 8-80   图 8-81   图 8-82

（3）在"图层"控制面板中，将"渐变填充 1"图层的混合模式设为"柔光"，如图 8-83 所示，图像效果如图 8-84 所示。

（4）选择矩形选框工具，在图像窗口中适当的位置绘制一个矩形选区，效果如图 8-85 所示。

图 8-83   图 8-84   图 8-85

（5）单击"图层"面板下方的"创建新的填充或调整图层"按钮 ，在弹出的菜单中选择"通道混和器"命令，"图层"控制面板中生成"通道混合器 1"图层，并在弹出的"通道混合器"面板中进行设置，如图 8-86 所示，图像效果如图 8-87 所示。

（6）将前景色设为白色。选择横排文字工具 **T.**，在适当的位置输入并选取需要的文字，在属性栏中选择合适的字体并设置文字大小，效果如图 8-88 所示。"图层"控制面板中生成新的文字图层。特殊艺术照片制作完成。

图 8-86

图 8-87

图 8-88

8.2.2　通道混合器

打开一幅图像，如图 8-89 所示。选择"图像 > 调整 > 通道混合器"命令，弹出"通道混合器"对话框，具体设置如图 8-90 所示，单击"确定"按钮，效果如图 8-91 所示。

图 8-89

图 8-90

图 8-91

输出通道：可以选择要调整的通道。

源通道：可以设置输出通道中源通道所占的百分比。

常数：可以调整输出通道的灰度值。

单色：可以将彩色图像转换为黑白图像。

所选图像的色彩模式不同，则"通道混合器"对话框中的内容也不同。

8.2.3　色调分离

打开一幅图像。选择"图像 > 调整 > 色调分离"命令，弹出"色调分离"对话框，具体设置如图 8-92 所示，单击"确定"按钮，效果如图 8-93 所示。

图 8-92

图 8-93

色阶：可以指定色阶数，系统将以 256 阶的亮度对图像中的像素亮度进行分配。"色阶"数值越大，图像产生的变化越小。

8.2.4　阈值

打开一幅图像，选择"图像 > 调整 > 阈值"命令，弹出"阈值"对话框，具体设置如图 8-94 所示，单击"确定"按钮，图像效果如图 8-95 所示。

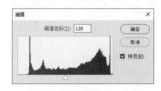

图 8-94

图 8-95

阈值色阶：可以通过拖曳滑块或输入数值来改变图像的阈值。系统将使大于阈值的像素变为白色，小于阈值的像素变为黑色，从而使图像具有高反差效果。

8.2.5　课堂案例——制作舞蹈培训公众号运营海报

案例学习目标

学习使用"去色"命令制作舞蹈培训公众号运营海报。

案例知识要点

使用"去色"命令、"色阶"命令和"亮度/对比度"命令改变图像色调，效果如图 8-96 所示。

图 8-96

效果所在位置

Ch08\效果\制作舞蹈培训公众号运营海报.psd。

（1）按 Ctrl+N 组合键，弹出"新建文档"对话框，设置宽度为 750 像素，高度为 1181 像素，分辨率为 72 像素/英寸，颜色模式为 RGB 颜色，背景内容为白色，单击"创建"按钮，新建一个文件。

（2）按 Ctrl＋O 组合键，打开云盘中的"Ch08 ＞ 素材 ＞ 制作舞蹈培训公众号运营海报 ＞ 01"文件，选择移动工具 ，将"01"图片拖曳到新建的图像窗口中适当的位置，如图 8-97 所示，"图层"控制面板中生成新的图层，将其命名为"人物"。

（3）选择"图像 ＞ 调整 ＞ 去色"命令，去除图像颜色，效果如图 8-98 所示。

（4）按 Ctrl+L 组合键，弹出"色阶"对话框，各选项的设置如图 8-99 所示，单击"确定"按钮，效果如图 8-100 所示。

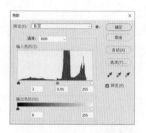

图 8-97　　　　　　　　图 8-98　　　　　　　　　　图 8-99　　　　　　　　　图 8-100

（5）选择"图像 ＞ 调整 ＞ 亮度/对比度"命令，在弹出的对话框中进行设置，如图 8-101 所示，单击"确定"按钮，效果如图 8-102 所示。

（6）按 Ctrl＋O 组合键，打开云盘中的"Ch08 ＞ 素材 ＞ 制作舞蹈培训公众号运营海报 ＞ 02"文件，选择移动工具 ，将"02"图像拖曳到新建的图像窗口中，效果如图 8-103 所示，"图层"控制面板中生成新的图层，将其命名为"文字"。舞蹈培训公众号运营海报制作完成。

图 8-101　　　　　　　　　　图 8-102　　　　　　　　图 8-103

8.2.6　去色

选择"图像 ＞ 调整 ＞ 去色"命令，或按 Shift+Ctrl+U 组合键，可以去掉图像中的色彩，使图像变为灰度图，但图像的色彩模式不会改变。"去色"命令也可以对图像中的选区使用，将选区中的图像去色。

8.2.7　匹配颜色

"匹配颜色"命令用于对色调不同的图片进行调整，使它们统一为一个协调的色调。

打开两张不同色调的图片，分别如图 8-104 和图 8-105 所示。选择需要调整的图片，选择"图像 ＞ 调整 ＞ 匹配颜色"命令，弹出"匹配颜色"对话框，在"源"选项中选择匹配文件，再设置其他选项，如图 8-106 所示，单击"确定"按钮，效果如图 8-107 所示。

图 8-104

图 8-105

图 8-106

图 8-107

目标：显示所选择匹配文件的名称。

应用调整时忽略选区：勾选此复选框，可以忽略图像中的选区并调整整个图像的颜色，效果如图 8-108 所示。不勾选此复选框，只调整图像中选区内的颜色，效果如图 8-109 所示。

图 8-108

图 8-109

图像选项：可以通过拖动滑块或输入数值来调整图像的明亮度、颜色强度和渐隐程度。

中和：用于设置是否消除图像中的色偏现象。

图像统计：可以设置图像的颜色来源。

8.2.8　替换颜色

打开一幅图像。选择"图像 > 调整 > 替换颜色"命令，弹出"替换颜色"对话框。在图像中单击吸取要替换的颜色，再调整色相、饱和度和明度，设置"结果"选项为紫色，其他选项的设置如图 8-110 所示，单击"确定"按钮，效果如图 8-111 所示。

图 8-110

图 8-111

课堂练习——制作女装网店详情页主图

📎 练习知识要点

使用"替换颜色"命令更换人物衣服的颜色，使用矩形选框工具绘制选区并删除不需要图像，效果如图 8-112 所示。

图 8-112

微课视频

扫码观看
本案例视频

◎ 效果所在位置

Ch08\效果\制作女装网店详情页主图.psd。

课后习题——制作数码影视公众号封面首图

📎 习题知识要点

使用"色相/饱和度"命令、"曲线"命令和"照片滤镜"命令调整图片的颜色，效果如图 8-113 所示。

图 8-113

微课视频

扫码观看
本案例视频

◎ 效果所在位置

Ch08\效果\制作数码影视公众号封面首图.psd。

09

第9章
图层的应用

本章介绍

　　本章主要介绍图层的基本应用知识及应用技巧，讲解图层的基本概念、基础调整方法及混合模式、样式、蒙版、智能对象图层等高级应用知识。通过对本章的学习，读者可以应用图层知识制作出多变的图像效果，可以对图像快速添加样式效果，还可以单独对智能对象图层进行编辑。

学习目标

✔ 掌握图层混合模式的使用方法。
✔ 熟练掌握图层样式的添加技巧。
✔ 熟练掌握填充图层和调整图层的应用方法。
✔ 了解图层复合、盖印图层和智能对象图层的创建和编辑方法。

技能目标

✔ 掌握"文化创意运营海报"的制作方法。
✔ 掌握"计算器图标"的绘制方法。
✔ 掌握"化妆品网店详情页主图"的制作方法。

素养目标

✔ 培养责任感和创造性思维。
✔ 培养良好的组织和管理能力。
✔ 培养能够通过学习和实践不断进取的能力。

9.1　图层混合模式

图层混合模式在图像处理及效果制作中被广泛应用，特别是在多个图像的合成方面其作用更加明显。

9.1.1　课堂案例——制作文化创意运营海报

案例学习目标

学习使用图层混合模式制作图片的融合效果。

案例知识要点

使用移动工具和图层混合模式制作创意图片的融合效果，使用"添加图层蒙版"按钮和画笔工具为图片添加渐隐效果，最终效果如图 9-1 所示。

图 9-1

效果所在位置

Ch09\效果\制作文化创意运营海报.psd。

（1）按 Ctrl+N 组合键，弹出"新建文档"对话框，设置宽度为 750 像素，高度为 1181 像素，分辨率为 72 像素/英寸，颜色模式为 RGB，背景内容为白色，单击"创建"按钮，新建一个文件。

（2）按 Ctrl+O 组合键，打开云盘中的"Ch09 > 素材 > 制作文化创意运营海报 > 01、02"文件，选择移动工具 ，将图片分别拖曳到新建的图像窗口中适当的位置，并调整它们的大小，效果如图 9-2 所示，"图层"控制面板中分别生成新图层，将它们命名为"人物"和"风景"。

（3）在"图层"控制面板上方，将"风景"图层的混合模式设为"强光"，如图 9-3 所示，图像效果如图 9-4 所示。

图 9-2

图 9-3

图 9-4

（4）单击"图层"控制面板下方的"添加图层蒙版"按钮 ，为"风景"图层添加图层蒙版，如图 9-5 所示。将前景色设为黑色。选择画笔工具 ，在属性栏中单击"画笔预设"右侧的 按钮，在弹出的画笔选择面板中选择需要的画笔形状，具体设置如图 9-6 所示。在属性栏中将"不透明度"设为 47%，"流量"设为 59%，"平滑"设为 49%，在图像窗口中进行涂抹以擦除不需要的部分，效果如图 9-7 所示。

图 9-5   图 9-6   图 9-7

（5）按 Ctrl+O 组合键，打开云盘中的"Ch09 > 素材 > 制作文化创意运营海报 > 03"文件，选择移动工具 ，将"03"图片拖曳到新建的图像窗口中适当的位置，并调整其大小，效果如图 9-8 所示，"图层"控制面板中生成新图层，将其命名为"森林"。

（6）在"图层"控制面板上方，将"森林"图层的混合模式设为"变亮"，如图 9-9 所示，图像效果如图 9-10 所示。

图 9-8   图 9-9   图 9-10

（7）单击"图层"控制面板下方的"添加图层蒙版"按钮 ，为"森林"图层添加图层蒙版，如图 9-11 所示。选择画笔工具 ，在图像窗口中进行涂抹以擦除不需要的部分，效果如图 9-12 所示。

图 9-11   图 9-12

（8）按 Ctrl+O 组合键，打开云盘中的"Ch09 > 素材 > 制作文化创意运营海报 > 04"文件，选择移动工具 ，将图片拖曳到新建的图像窗口中适当的位置，并调整其大小，效果如图 9-13 所示，"图层"控制面板中生成新图层，将其命名为"云"。

（9）在"图层"控制面板上方，将"云"图层的混合模式设为"点光"，如图 9-14 所示，图像效果如图 9-15 所示。

图 9-13   图 9-14   图 9-15

（10）单击"图层"控制面板下方的"添加图层蒙版"按钮 ▣ ，为"云"图层添加图层蒙版，如图 9-16 所示。选择画笔工具 ✐ ，在图像窗口中进行涂抹以擦除不需要的部分，效果如图 9-17 所示。

（11）按 Ctrl+O 组合键，打开云盘中的"Ch09 > 素材 > 制作文化创意运营海报 > 05"文件，选择移动工具 ✛ ，将文字拖曳到新建的图像窗口中适当的位置，效果如图 9-18 所示，"图层"控制面板中生成新图层，将其命名为"文字"。文化创意运营海报制作完成。

图 9-16   图 9-17   图 9-18

9.1.2   不同的图层混合模式

图层混合模式的设置，决定了当前图层中的图像与其下层中的图像以何种模式进行混合。

在"图层"控制面板中，[正常] 选项用于设定图层的混合模式，共有 27 种模式。打开一幅图像，如图 9-19 所示，"图层"控制面板如图 9-20 所示。

图 9-19   图 9-20

对"月亮"图层应用不同的混合模式后，图像效果如图 9-21 所示。

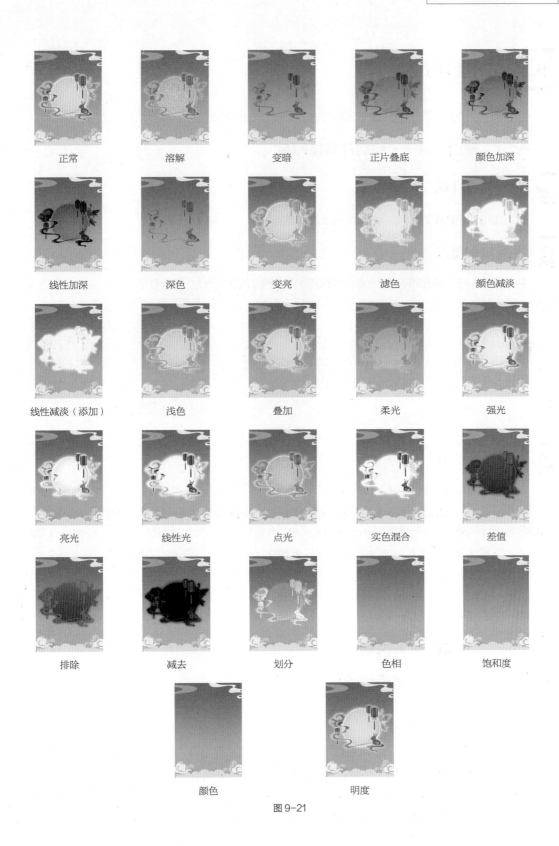

图 9-21

9.2 图层样式

图层样式命令用于为图层添加不同的样式，使图层中的图像产生丰富的变化。

9.2.1 课堂案例——绘制计算器图标

案例学习目标

学习使用"添加图层样式"按钮绘制计算器图标。

案例知识要点

使用圆角矩形工具和椭圆工具绘制图标底图和符号，使用"添加图层样式"按钮制作立体效果，最终效果如图 9-22 所示。

图 9-22

效果所在位置

Ch09\效果\绘制计算器图标.psd。

（1）按 Ctrl+N 组合键，弹出"新建文档"对话框，设置宽度为 500 像素，高度为 500 像素，分辨率为 72 像素/英寸，颜色模式为 RGB 颜色，背景内容为白色，单击"创建"按钮，新建一个文件。

（2）选择油漆桶工具 ，在属性栏的"设置填充区域的源"中选择"图案"选项，单击右侧的"图案"选项，弹出面板，单击面板右上方的 按钮，在弹出的菜单中选择"彩色纸"命令，弹出提示对话框，单击"追加"按钮。在面板中选择需要的图案，如图 9-23 所示。在图像窗口中单击以填充图像，效果如图 9-24 所示。

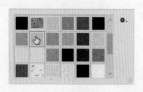

图 9-23　　　　　　　　　　　　　　图 9-24

（3）选择圆角矩形工具 ，将属性栏中的"选择工具模式"设为"形状"，"半径"设为 80 像素，在图像窗口中拖曳鼠标以绘制圆角矩形，效果如图 9-25 所示。单击"图层"控制面板下方的"添加图层样式"按钮 ，在弹出的菜单中选择"斜面和浮雕"命令，弹出对话框，将"高光模式"的颜色设为浅青色（230、234、244），"阴影模式"的颜色设为深灰色（74、77、86），其他选项的设置如图 9-26 所示。

图 9-25   图 9-26

（4）选择"渐变叠加"选项，切换到相应的面板，单击"渐变"右侧的"点按可编辑渐变"按钮，弹出"渐变编辑器"对话框，将渐变色设为从浅青色（213、219、239）到青灰色（184、194、216），如图 9-27 所示，单击"确定"按钮。返回"渐变叠加"面板，其他选项的设置如图 9-28 所示。

图 9-27

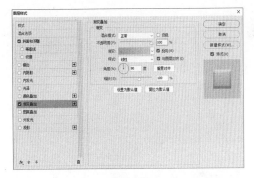

图 9-28

（5）选择"投影"选项，切换到相应的面板，选项的设置如图 9-29 所示，单击"确定"按钮，图像效果如图 9-30 所示。

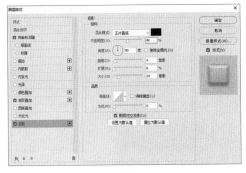

图 9-29

图 9-30

（6）选择圆角矩形工具，在属性栏中将"半径"设为 60 像素，在图像窗口中拖曳鼠标以绘制形状，在属性栏中将"填充"颜色设为白色，效果如图 9-31 所示。选择"窗口 > 属性"命令，弹出"属性"控制面板，取消圆角链接状态，其他选项的设置如图 9-32 所示，按 Enter 键确定操作，效果如图 9-33 所示。

图 9-31　　　　　　　　　　图 9-32　　　　　　　　　　　图 9-33

（7）单击"图层"控制面板下方的"添加图层样式"按钮 fx.，在弹出的菜单中选择"斜面和浮雕"命令，在弹出的对话框中进行设置，如图 9-34 所示。选择"投影"选项，切换到相应的面板，将投影颜色设为暗灰色（95、98、104），其他选项的设置如图 9-35 所示，单击"确定"按钮。

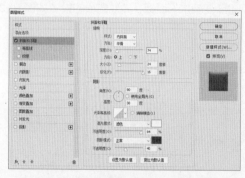
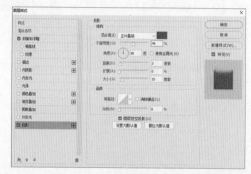

图 9-34　　　　　　　　　　　　　　　　　　图 9-35

（8）选择移动工具 ⊕，按住 Alt 键的同时，将图形拖曳到适当的位置，复制图形，效果如图 9-36 所示。按 Ctrl+T 组合键，图形周围出现变换框，在变换框中单击鼠标右键，在弹出的菜单中选择"水平翻转"命令，水平翻转图形，按 Enter 键确定操作，效果如图 9-37 所示。

（9）按住 Shift 键的同时，选择"圆角矩形 2"图层和"圆角矩形 2 拷贝"图层，将它们同时选取，如图 9-38 所示。按住 Alt 键的同时，将图形拖曳到适当的位置，复制图形，效果如图 9-39 所示。

图 9-36　　　　　　　图 9-37　　　　　　　　图 9-38　　　　　　　　图 9-39

（10）按 Ctrl+T 组合键，图形周围出现变换框，在变换框中单击鼠标右键，在弹出的菜单中选择"垂直翻转"命令，垂直翻转图形，按 Enter 键确定操作，效果如图 9-40 所示。双击最上方图层的"斜面和浮雕"图层样式，弹出对话框，将"高光模式"的颜色设为暗红色（133、1、0），其他选项的设置如图 9-41 所示。

图 9-40

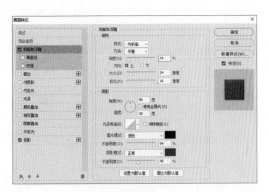

图 9-41

（11）选择"颜色叠加"选项，切换到相应的面板，将叠加颜色设为红色（204、36、34），其他选项的设置如图 9-42 所示，单击"确定"按钮，效果如图 9-43 所示。

（12）选择椭圆工具 ，将属性栏中的"选择工具模式"设为"形状"，按住 Shift 键的同时，在图像窗口中绘制圆形。在属性栏中将"填充"颜色设为红色（204、36、34），填充图形，如图 9-44 所示。

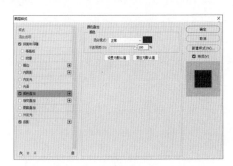

图 9-42

图 9-43

图 9-44

（13）单击"图层"控制面板下方的"添加图层样式"按钮 ，在弹出的菜单中选择"渐变叠加"命令，弹出对话框，单击"渐变"右侧的"点按可编辑渐变"按钮 ，弹出"渐变编辑器"对话框，将渐变色设为从红色（222、60、58）到暗红色（204、19、18），如图 9-45 所示。单击"确定"按钮。返回"渐变叠加"面板，其他选项的设置如图 9-46 所示。

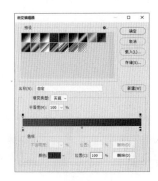

图 9-45

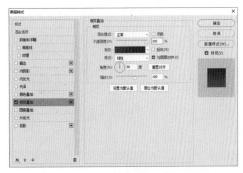

图 9-46

（14）选择"外发光"选项，切换到相应的面板，将发光颜色设为浅红色（254、143、141），其他选项的设置如图 9-47 所示，单击"确定"按钮，效果如图 9-48 所示。

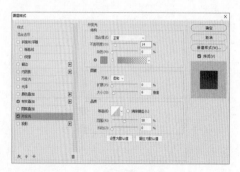

图 9-47

图 9-48

（15）选择圆角矩形工具 ，在属性栏中将"半径"设为 5 像素，在图像窗口中拖曳鼠标以绘制形状，在属性栏中将"填充"颜色设为青灰色（154、174、198），填充形状，效果如图 9-49 所示。在属性栏中单击"路径操作"按钮 ，在弹出的菜单中选择"合并形状"命令，在图像窗口中绘制形状，如图 9-50 所示，"图层"控制面板中生成新图层，将其命名为"加号"。

（16）单击"图层"控制面板下方的"添加图层样式"按钮 ，在弹出的菜单中选择"描边"命令，弹出对话框，将描边颜色设为白色，其他选项的设置如图 9-51 所示。

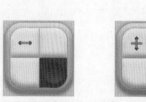

图 9-49

图 9-50

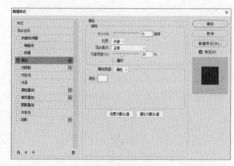

图 9-51

（17）选择"内阴影"选项，切换到相应的面板，将阴影颜色设为深蓝色（28、44、62），其他选项的设置如图 9-52 所示，单击"确定"按钮，效果如图 9-53 所示。使用相同的方法制作其他符号，效果如图 9-54 所示。

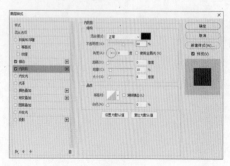

图 9-52

图 9-53

图 9-54

（18）选中"等号"图层。双击图层样式，选择"颜色叠加"选项，切换到相应的面板，将叠加颜色设为白色，其他选项的设置如图9-55所示，单击"确定"按钮，效果如图9-56所示。计算器图标绘制完成。

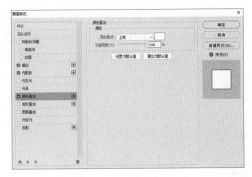

图9-55　　　　　　　　　　　　　　　　　　　　　　　图9-56

9.2.2　"样式"控制面板

"样式"控制面板用于存储各种图层特效，用户可以将"样式"控制面板中的图层特效快速地应用在要编辑的对象上，以节省操作时间。

选择要添加样式的图像，如图9-57所示。选择"窗口 > 样式"命令，弹出"样式"控制面板，单击面板右上方的 ≡ 图标，在弹出的菜单中选择"按钮"命令，弹出提示对话框，如图9-58所示，单击"追加"按钮，样式被载入面板中。选择"球"样式，如图9-59所示，为图像添加该样式，效果如图9-60所示。

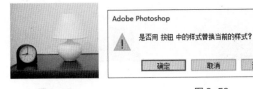

图9-57　　　　　　　图9-58　　　　　　　图9-59　　　　图9-60

样式添加完成后，"图层"控制面板如图9-61所示。如果要删除其中某个样式，则将其直接拖曳到"图层"控制面板下方的"删除图层"按钮 🗑 上即可，如图9-62所示，删除后的效果如图9-63所示。

图9-61　　　　　　　　　图9-62　　　　　　　　　图9-63

9.2.3 常用的图层样式

Photoshop 提供了多种图层样式，可以单独为图像添加一种样式，也可以同时为图像添加多种样式。

单击"图层"控制面板右上方的 ☰ 图标，将弹出菜单，选择"混合选项"命令，弹出对话框，如图 9-64 所示。此对话框用于对当前图层进行特殊效果的设置。单击对话框左侧的任意选项，将弹出相应的面板。还可以单击"图层"控制面板下方的"添加图层样式"按钮 *fx*，弹出的菜单如图 9-65 所示。

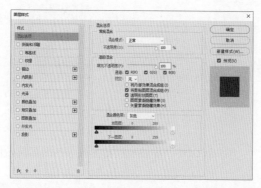

图 9-64　　　　　　　　　　　　　　　　　　　图 9-65

"斜面和浮雕"命令用于使图像产生倾斜与浮雕的效果。"描边"命令用于为图像描边。"内阴影"命令用于使图像内部产生阴影效果。这 3 种命令的应用效果如图 9-66 所示。

斜面和浮雕　　　　　　　　　　描边　　　　　　　　　　　内阴影

图 9-66

"内发光"命令用于在图像边缘的内部产生辉光效果。"光泽"命令用于使图像产生光泽效果。"颜色叠加"命令用于使图像产生颜色叠加效果。这 3 种命令的应用效果如图 9-67 所示。

内发光　　　　　　　　　　　光泽　　　　　　　　　　颜色叠加

图 9-67

"渐变叠加"命令用于使图像产生渐变叠加效果。"图案叠加"命令用于在图像上添加图案效果。"外发光"命令用于在图像边缘的外部产生辉光效果。"投影"命令用于使图像产生阴影效果。这 4 种命令的应用效果如图 9-68 所示。

渐变叠加

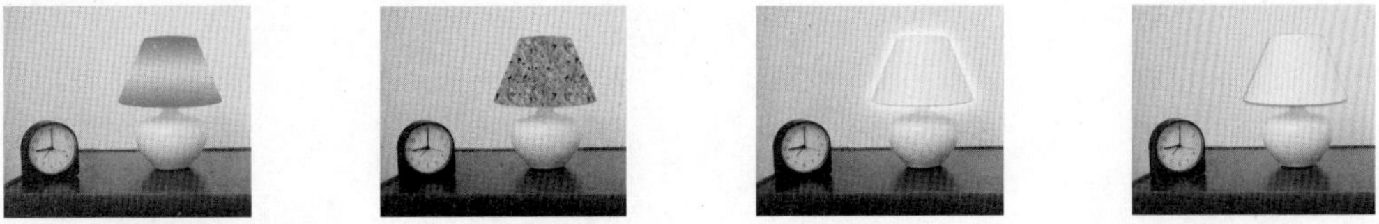

图案叠加

外发光

投影

图 9-68

9.3 填充和调整图层

应用填充和调整图层命令可以以多种方式对图像进行填充和调整，使图像产生不同的效果。

9.3.1 课堂案例——制作化妆品网店详情页主图

案例学习目标

学习使用"创建新的填充或调整图层"按钮调整图像。

案例知识要点

使用"曝光度"命令和"曲线"命令调整照片的质感，效果如图 9-69 所示。

微课视频

扫码观看
本案例视频

扩展阅读

图 9-69

效果所在位置

Ch09\效果\制作化妆品网店详情页主图.psd。

（1）按 Ctrl+O 组合键，打开云盘中的"Ch09 > 素材 > 制作化妆品网店详情页主图 > 01"文件，如图 9-70 所示。将"背景"图层拖曳到"图层"控制面板下方的"创建新图层"按钮 上进行复制，生成新的图层"背景 拷贝"。

（2）单击"图层"控制面板下方的"创建新的填充或调整图层"按钮 ，在弹出的菜单中选择"曝光度"命令，"图层"控制面板中生成"曝光度 1"图层，同时弹出"曝光度"面板，选项的设置如图 9-71 所示，按 Enter 键确定操作，图像效果如图 9-72 所示。

（3）单击"图层"控制面板下方的"创建新的填充或调整图层"按钮 ，在弹出的菜单中选择"曲线"命令，"图层"控制面板中生成"曲线 1"图层，同时弹出"曲线"面板。在曲线上单击以添加控制点，将"输入"设为 200，"输出"设为 219，如图 9-73 所示。

图 9-70   图 9-71   图 9-72

（4）在"曲线"面板中，再次在曲线上单击添加控制点，将"输入"设为 67，"输出"设为 41，如图 9-74 所示。按 Enter 键确定操作，图像效果如图 9-75 所示。

（5）按 Ctrl＋O 组合键，打开云盘中的"Ch09 > 素材 > 制作化妆品网店详情页主图 > 02"文件。选择移动工具 ⊕，将"02"图片拖曳到"01"图像窗口中适当的位置，如图 9-76 所示，"图层"控制面板中生成新的图层，将其命名为"装饰"。化妆品网店详情页主图制作完成。

图 9-73   图 9-74   图 9-75   图 9-76

9.3.2　填充图层

当需要新建填充图层时，选择"图层 > 新建填充图层"命令，会弹出填充图层的 3 种方式，如图 9-77 所示。选择其中的一种方式，弹出"新建图层"对话框，如图 9-78 所示，单击"确定"按钮，将根据选择的填充方式弹出不同的填充对话框。

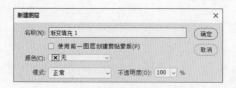

图 9-77   图 9-78

以"渐变填充"为例，如图 9-79 所示，单击"确定"按钮，"图层"控制面板和图像的效果如图 9-80 和图 9-81 所示。

也可以单击"图层"控制面板下方的"创建新的填充和调整图层"按钮 ◉，在弹出的菜单中选择需要的填充方式。

图 9-79

图 9-80

图 9-81

9.3.3 调整图层

选择"图层 > 新建调整图层"命令，或单击"图层"控制面板下方的"创建新的填充或调整图层"按钮 ◉，弹出菜单，其中包括 16 个图层调整命令，如图 9-82 所示，选择不同的图层调整命令，将弹出"新建图层"对话框，如图 9-83 所示，单击"确定"按钮，将弹出不同的调整面板。以选择"色相/饱和度"命令为例，设置如图 9-84 所示，按 Enter 键确定操作，"图层"控制面板和图像的效果如图 9-85 和图 9-86 所示。

图 9-82

图 9-83

图 9-84

图 9-85

图 9-86

9.4 图层复合、盖印图层与智能对象图层

应用图层复合、盖印图层和智能对象图层命令可以提高制作图像的效率，快速地得到所需效果。

9.4.1　图层复合

图层复合可将同一文件中的不同图层效果组合并另存为多个"图层效果组合"，从而更加方便、快捷地展示不同图层组合的视觉效果。

1．控制面板

打开一幅图像，如图 9-87 所示，"图层"控制面板如图 9-88 所示。选择"窗口 > 图层复合"命令，弹出"图层复合"控制面板，如图 9-89 所示。

图 9-87　　　　　　　　　图 9-88　　　　　　　　　　图 9-89

2．创建图层复合

单击"图层复合"控制面板右上方的 ≡ 图标，在弹出的菜单中选择"新建图层复合"命令，弹出"新建图层复合"对话框，如图 9-90 所示，单击"确定"按钮，建立"图层复合 1"，如图 9-91 所示，所建立的"图层复合 1"中存储的是当前制作的效果。

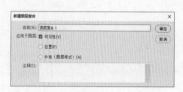　　　　　　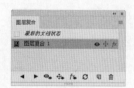

图 9-90　　　　　　　　　　　　　　　图 9-91

再对图像进行修饰和编辑，图像效果如图 9-92 所示，"图层"控制面板如图 9-93 所示。选择"新建图层复合"命令，建立"图层复合 2"，如图 9-94 所示，所建立的"图层复合 2"中存储的是修饰编辑后的效果。

图 9-92　　　　　　　　　图 9-93　　　　　　　　　　图 9-94

3．查看图层复合

在"图层复合"控制面板中，单击"图层复合 1"左侧的方框，显示出 图标，如图 9-95 所示，可以观察"图层复合 1"中的图像，效果如图 9-96 所示。单击"图层复合 2"左侧的方框，显示出 图标，如图 9-97 所示，可以观察"图层复合 2"中的图像，效果如图 9-98 所示。

图 9-95　　　　　　图 9-96　　　　　　图 9-97　　　　　　图 9-98

9.4.2　盖印图层

盖印图层是将图像窗口中当前显示出来的所有图像合并到一个新的图层中。

在"图层"控制面板中选中一个可见图层，如图 9-99 所示，单击 Alt+Shift+Ctrl+E 组合键，将每个图层中的图像复制并合并到一个新的图层中，如图 9-100 所示。

图 9-99　　　　　　　　　　　　图 9-100

　在执行此操作时，必须选择一个可见的图层，否则将无法实现此操作。

9.4.3　智能对象图层

智能对象的全称为智能对象图层。智能对象可以将一个或多个图层，甚至是一个矢量图形文件包含在 Photoshop 文件中。以智能对象形式嵌入 Photoshop 文件中的位图或矢量文件，与当前的 Photoshop 文件能够保持相对的独立性。当对 Photoshop 文件进行修改或对智能对象进行变形、旋转时，不会影响嵌入的位图或矢量文件。

1. 创建智能对象

使用"置入"命令：选择"文件 > 置入"命令为当前的图像文件置入一个矢量文件或位图文件。

使用"转换为智能对象"命令：选中一个或多个图层后，选择"图层 > 智能对象 > 转换为智能对象"命令，可以将选中的图层转换为智能对象图层。

使用粘贴命令：先在 Illustrator 中对对象进行复制，再回到 Photoshop 中对复制的对象进行粘贴。

2. 编辑智能对象

智能对象及"图层"控制面板如图 9-101、图 9-102 所示。

双击"冲浪板"图层的缩览图，Photoshop 将打开一个新文件，即智能对象"冲浪板"，如图 9-103

所示。此智能对象文件包含 1 个普通图层，如图 9-104 所示。

图 9-101

图 9-102

图 9-103

图 9-104

在智能对象文件中对图像进行修改并保存，效果如图 9-105 所示，修改操作将影响嵌入此智能对象文件的图像的最终效果，如图 9-106 所示。

图 9-105

图 9-106

课堂练习——制作吸尘器网站首页 Banner

练习知识要点

使用移动工具添加图片，使用图层混合模式和"添加图层样式"按钮制作图片的融合效果，最终效果如图 9-107 所示。

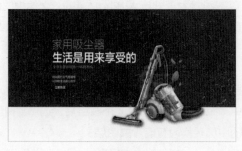

图 9-107

效果所在位置

Ch09\效果\制作家电网站首页 Banner.psd。

课后习题——制作生活摄影公众号首页次图

 习题知识要点

使用"色彩平衡"命令和画笔工具为衣服调色，效果如图 9-108 所示。

图 9-108

 效果所在位置

Ch09\效果\制作生活摄影公众号首页次图.psd。

10 第 10 章
文字的使用

本章介绍

　　本章主要介绍 Photoshop 中文字的输入与编辑方法。通过对本章的学习，读者可以了解并掌握文字的功能及特点，快速掌握点文字、段落文字的输入方法，以及变形文字的设置方法与路径文字的制作方法。

学习目标

✔ 熟练掌握文字的输入与编辑技巧。
✔ 熟练掌握文字的变形方法。
✔ 掌握在路径上创建并编辑文字的方法。

技能目标

✔ 掌握"立冬节气宣传海报"的制作方法。
✔ 掌握"霓虹字"的制作方法。
✔ 掌握"餐厅招牌面宣传单"的制作方法。

素养目标

✔ 培养准确的表达能力和语言理解能力。
✔ 培养坚韧的毅力与不懈奋斗的精神。
✔ 培养正确的价值导向。

10.1　文字的输入与编辑

使用文字工具可以输入文字，使用"字符"和"段落"控制面板可以对文字和段落进行调整。

10.1.1　课堂案例——制作立冬节气宣传海报

案例学习目标

学习使用文字工具和"字符"控制面板添加与编辑文字。

案例知识要点

使用"置入嵌入对象"命令置入图片，使用横排文字工具、直排文字工具和"字符"控制面板添加文字信息，使用"添加图层样式"按钮为图像添加样式，效果如图 10-1 所示。

图 10-1

效果所在位置

Ch10\效果\制作立冬节气宣传海报.psd。

1. 制作底图

（1）按 Ctrl+N 组合键，弹出"新建文档"对话框，设置宽度为 1125 像素，高度为 2436 像素，分辨率为 72 像素/英寸，颜色模式为 RGB 颜色，背景内容为白色，单击"创建"按钮，新建一个文件。

（2）选择"文件 > 置入嵌入对象"命令，弹出"置入嵌入的对象"对话框，选择云盘中的"Ch10 > 素材 > 制作立冬节气宣传海报 > 01"文件，单击"置入"按钮，置入图片，将图片拖曳到适当的位置，按 Enter 键确定操作，"图层"控制面板中生成新的图层，将其命名为"纹理"，将该图层的"不透明度"设为 80%，如图 10-2 所示，效果如图 10-3 所示。

（3）选择"文件 > 置入嵌入对象"命令，弹出"置入嵌入的对象"对话框，选择云盘中的"Ch10 > 素材 > 制作立冬节气宣传海报 > 02"文件。单击"置入"按钮，置入图片，将图片拖曳到适当的位置并调整其大小，按 Enter 键确定操作，效果如图 10-4 所示，"图层"控制面板中生成新的图层，将其命名为"雪地"。

图 10-2　　　　　　　　　　图 10-3　　　　　　　　　　图 10-4

（4）选择"文件 > 置入嵌入对象"命令，弹出"置入嵌入的对象"对话框，选择云盘中的"Ch10 > 素材 > 制作立冬节气宣传海报 > 03"文件。单击"置入"按钮，置入图片，将图片拖曳到适当的位置，按 Enter 键确定操作，效果如图 10-5 所示，"图层"控制面板中生成新的图层，将其命名为"山峰"，将该图层的混合模式设为"颜色加深"，如图 10-6 所示，图像效果如图 10-7 所示。

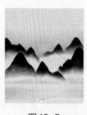

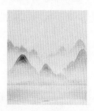

图 10-5　　　　　　　　　　图 10-6　　　　　　　　　　图 10-7

（5）按 Ctrl+J 组合键复制"山峰"图层，"图层"控制面板中生成新的图层"山峰 拷贝"，如图 10-8 所示，图像效果如图 10-9 所示，在"图层"控制面板中将"不透明度"设为 40%，如图 10-10 所示，图像效果如图 10-11 所示。

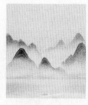

图 10-8　　　　　　图 10-9　　　　　　图 10-10　　　　　　图 10-11

（6）选择椭圆工具 ◯，在属性栏的"选择工具模式"中选择"形状"选项，将"填充"颜色设为淡红色（232、153、130），"描边"颜色设为黑色，"描边粗细"设为 1 像素，在图像窗口中绘制一个圆形，按 Enter 键确定操作，效果如图 10-12 所示，"图层"控制面板中生成新的形状图层，将其命名为"太阳"，如图 10-13 所示。

（7）单击"图层"控制面板下方的"添加图层样式"按钮 fx，在弹出的菜单中选择"外发光"命令，弹出对话框，将投影颜色设为淡黄色（246、222、172），其他选项的设置如图 10-14 所示，单击"确定"按钮。在"属性"控制面板中单击"蒙版"按钮 ◻，切换到相应的面板中进行设置，如图 10-15 所示，按 Enter 键确定操作，单击"确定"按钮，效果如图 10-16 所示。

（8）在"图层"控制面板中，按住 Shift 键的同时单击"纹理"图层，将需要的图层同时选取，按 Ctrl＋G 组合键，组合图层并将其命名为"底图"，如图 10-17 所示。

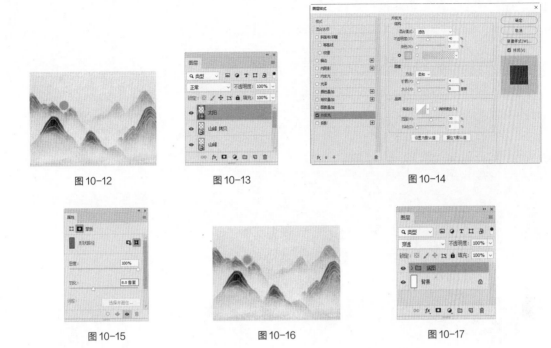

图 10-12　　　　　　图 10-13　　　　　　　　　图 10-14

图 10-15　　　　　　图 10-16　　　　　　　　　图 10-17

2. 添加标题

（1）选择横排文字工具 T.，在适当的位置输入并选取需要的文字，选择"窗口 > 字符"命令，
弹出"字符"控制面板，在其中将"颜色"设为深灰色（97、99、107），其他选项的设置如图 10-18
所示，按 Enter 键确定操作，效果如图 10-19 所示。

图 10-18　　　　　　　　　　　　　　　　　　图 10-19

（2）单击"图层"控制面板下方的"添加图层样式"按钮 fx.，在弹出的菜单中选择"投影"命令，
弹出对话框，将投影颜色设为深灰色（62、55、40），其他选项的设置如图 10-20 所示，单击"确定"
按钮，效果如图 10-21 所示。

（3）单击"图层"控制面板下方的"添加图层样式"按钮 fx.，在弹出的菜单中选择"投影"命令，
弹出对话框，将投影颜色设为浅灰色（224、224、224），其他选项的设置如图 10-22 所示，单击"确
定"按钮，效果如图 10-23 所示。使用相同的方法输入其他文字，并添加投影效果，效果如图 10-24
所示。

（4）在"图层"控制面板中单击"创建新图层"按钮 ，创建新的图层"图层 1"。将前景色设
为白色。选择画笔工具 ，在属性栏中单击"画笔预设"右侧的 按钮，在弹出的画笔选择面板中选
择需要的画笔形状，将"大小"设为 5 像素，如图 10-25 所示。在图像窗口中拖曳鼠标进行绘制，

效果如图 10-26 所示。

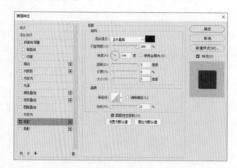

图 10-20

图 10-21

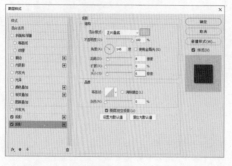

图 10-22

图 10-23

图 10-24

（5）按住 Shift 键的同时，将需要的图层同时选取，单击鼠标右键，在弹出的菜单中选择"链接图层"命令，将选中的图层链接，如图 10-27 所示。

图 10-25

图 10-26

图 10-27

（6）选择横排文字工具 T.，在适当的位置输入并选取需要的文字，在"字符"控制面板中设置"颜色"为深灰色（98、97、96），其他选项的设置如图 10-28 所示，效果如图 10-29 所示。使用相同的方法输入其他文字，效果如图 10-30 所示。

图 10-28

图 10-29

图 10-30

（7）选择"文件 > 置入嵌入对象"命令，弹出"置入嵌入的对象"对话框，选择云盘中的"Ch10 > 素材 > 制作立冬节气宣传海报 > 04"文件。单击"置入"按钮，置入图片，将其拖曳到适当的位置，按 Enter 键确定操作，效果如图 10-31 所示，"图层"控制面板中生成新的图层，将其命名为"印章"。

（8）选择直排文字工具，在适当的位置输入并选取需要的文字，在"字符"控制面板中，将"颜色"设为白色，其他选项的设置如图 10-32 所示，按 Enter 键确定操作，效果如图 10-33 所示，"图层"控制面板中生成新的文字图层。

图 10-31   图 10-32   图 10-33

（9）在"印章"图层上单击鼠标右键，在弹出的菜单中选择"栅格化图层"命令，栅格化图层，如图 10-34 所示。选中"印章"图层，按住 Ctrl 键的同时单击"诸事纳新"图层的缩览图，生成选区，如图 10-35 所示。按 Delete 键，删除选区中的图像。按 Ctrl+D 组合键，取消选区，效果如图 10-36 所示，单击"诸事纳新"文字图层左侧的眼睛图标 👁，将图层隐藏。

图 10-34   图 10-35   图 10-36

（10）选择直排文字工具，在适当的位置输入并选取需要的文字，在"字符"控制面板中设置"颜色"为深灰色（97、99、107），其他选项的设置如图 10-37 所示，效果如图 10-38 所示。

图 10-37   图 10-38

（11）单击"图层"控制面板下方的"添加图层样式"按钮 fx，在弹出的菜单中选择"投影"命令，弹出对话框，将投影颜色设为浅灰色（218、215、209），其他选项的设置如图 10-39 所示，效果如图 10-40 所示。使用相同的方法输入其他文字，并添加投影效果，效果如图 10-41 所示。

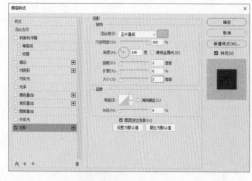

图 10-39

图 10-40

图 10-41

（12）选择"文件 > 置入嵌入对象"命令，弹出"置入嵌入的对象"对话框，选择云盘中的"Ch10 > 素材 > 制作立冬节气宣传海报 > 05"文件。单击"置入"按钮，置入图片，将其拖曳到适当的位置，按 Enter 键确定操作，效果如图 10-42 所示，"图层"控制面板中生成新的图层，将其命名为"小雪花"。

（13）单击"图层"控制面板下方的"添加图层样式"按钮 fx，在弹出的菜单中选择"投影"命令，弹出对话框，将投影颜色设为浅灰色（212、209、202），其他选项的设置如图 10-43 所示，效果如图 10-44 所示。

（14）在"图层"控制面板中选中"印章"图层，按住 Shift 键的同时，将需要的图层同时选取，按 Ctrl+G 组合键进行编组，并将图层组命名为"标题"，如图 10-45 所示。

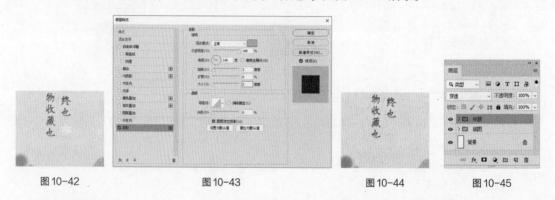

图 10-42   图 10-43   图 10-44   图 10-45

3. 添加装饰

（1）选择"文件 > 置入嵌入对象"命令，弹出"置入嵌入的对象"对话框，分别选择云盘中的"Ch10 > 素材 > 制作立冬节气宣传海报 > 06~09"文件。分别单击"置入"按钮，置入图片，将图片分别拖曳到适当的位置并调整它们的大小，效果如图 10-46 所示。"图层"控制面板中分别生成新的图层，将它们命名为"大雁""大雁 2""远山 1""远山 2"，如图 10-47 所示。

（2）选中"大雁"图层，将"不透明度"设为 70%，如图 10-48 所示。选中"大雁 2"图层，将"不透明度"设为 50%，如图 10-49 所示，图像效果如图 10-50 所示。

图 10-46

图 10-47

图 10-48

图 10-49

图 10-50

（3）在"图层"控制面板中选中"大雁"图层，按住 Shift 键的同时单击"远山 2"图层，将需要的图层同时选取，按 Ctrl＋G 组合键进行编组，并将图层组命名为"装饰"，如图 10-51 所示。

（4）选择"文件 > 置入嵌入对象"命令，弹出"置入嵌入的对象"对话框，分别选择云盘中的"Ch10 > 素材 > 制作立冬节气宣传海报 > 10~12"文件。分别单击"置入"按钮，置入图片，并将它们拖曳到适当的位置，按 Enter 键确定操作，效果如图 10-52 所示，"图层"控制面板中分别生成新的图层，将它们命名为"状态栏""跳过""Home"。

（5）选中"Home"图层，在"图层"控制面板中将"不透明度"设为 50%，如图 10-53 所示，效果如图 10-54 所示。立冬节气宣传海报制作完成。

图 10-51

图 10-52

图 10-53

图 10-54

10.1.2　输入水平、垂直文字

选择横排文字工具 T，或按 T 键，其属性栏如图 10-55 所示。

图 10-55

切换文本取向⟂：用于切换文字的输入方向。

Adobe 黑体 Std　⌄　-　⌄：用于设置文字的字体及样式。

⊤ 12点 ⌄：用于设置文字的大小。

ᵃₐ 锐利 ⌄：用于消除文字的锯齿，包括无、锐利、犀利、浑厚和平滑 5 个选项。

▤ ▥ ▦：用于设置文字的对齐格式，分别是左对齐、居中对齐和右对齐。

■：用于设置文字的颜色。

创建文字变形⟋：用于对文字进行变形操作。

切换字符和段落面板▤：用于打开"段落"和"字符"控制面板。

取消所有当前编辑⊘：在输入文字的状态下，显示此按钮，用于取消对文字的操作。

提交所有当前编辑✓：在输入文字的状态下，显示此按钮，用于确定对文字的操作。

从文本创建 3D ³ᴰ：用于从文本图层创建 3D 对象。

选择直排文字工具⏐T⏐，可以在图像中创建直排文字。直排文字工具的属性栏和横排文字工具属性栏中的选项内容基本相同，这里不再赘述。

10.1.3　创建文字形状选区

横排文字蒙版工具❨T❩：可以在图像中创建水平文本的选区。横排文字蒙版工具的属性栏和横排文字工具属性栏中的选项内容基本相同，这里不再赘述。

直排文字蒙版工具❨T❩：可以在图像中创建垂直文本的选区。直排文字蒙版工具的属性栏和直排文字工具属性栏中的选项内容基本相同，这里不再赘述。

10.1.4　字符设置

"字符"控制面板用于编辑文本字符。

图 10-56

选择"窗口 > 字符"命令，弹出"字符"控制面板，如图 10-56 所示。

搜索和选择字体 Adobe 黑体 Std ⌄：单击右侧的⌄按钮，可在弹出的下拉列表中选择字体。

设置字体大小⊤ 12点 ⌄：可以在数值框中直接输入数值，也可以单击右侧的⌄按钮，在弹出的下拉列表中选择字体大小。

设置行距 ↕A (自动) ⌄：可以在数值框中直接输入数值，或单击右侧的⌄按钮，在弹出的下拉列表中选择需要的行距，设置不同行距的效果如图 10-57 所示。

设置为"自动"时的文字效果

数值为 72 时的文字效果

数值为 100 时的文字效果

图 10-57

设置两个字符间的字距微调 V/A 0 ⌄：在两个字符间插入光标，在数值框中输入数值，或单击右侧的⌄按钮，在弹出的下拉列表中选择需要的字距。输入正值时，字符的间距加大；输入负值时，字符的间距缩小，效果如图 10-58 所示。

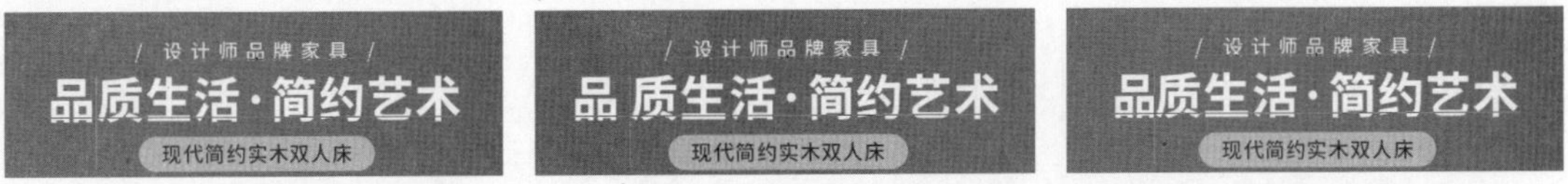

数值为 0 时的文字效果　　　数值为 200 时的文字效果　　　数值为−100 时的文字效果

图 10-58

设置所选字符的字距调整 **VA** 0 ∨：在数值框中直接输入数值，或单击右侧的 ∨ 按钮，在弹出的下拉列表中选择字距，可以调整文本段落的字距。输入正值时，字距加大；输入负值时，字距缩小，效果如图 10-59 所示。

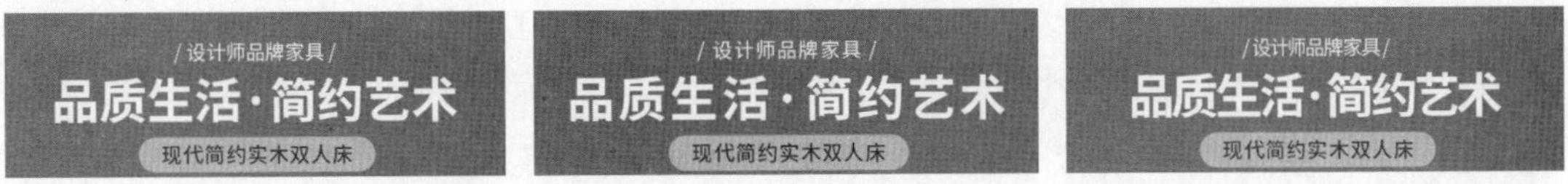

数值为 0 时的效果　　　　数值为 75 时的效果　　　　数值为−75 时的效果

图 10-59

设置所选字符的比例间距 **凸** 0% ∨：在下拉列表中选择百分比，可以对所选字符的比例间距进行细微的调整，效果如图 10-60 所示。

数值为 0%时的效果　　　　　　　　数值为 100%时的效果

图 10-60

垂直缩放 **IT** 100%：在数值框中直接输入数值，可以调整字符的高度，效果如图 10-61 所示。

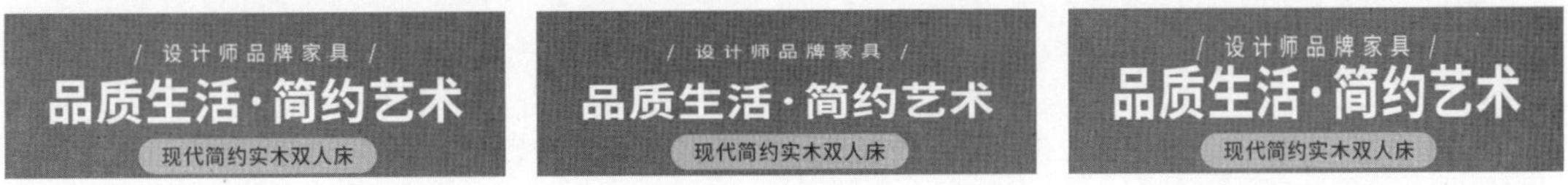

数值为 100%时的效果　　　数值为 80%时的效果　　　数值为 120%时的效果

图 10-61

水平缩放 **T** 100%：在数值框中输入数值，可以调整字符的宽度，效果如图 10-62 所示。

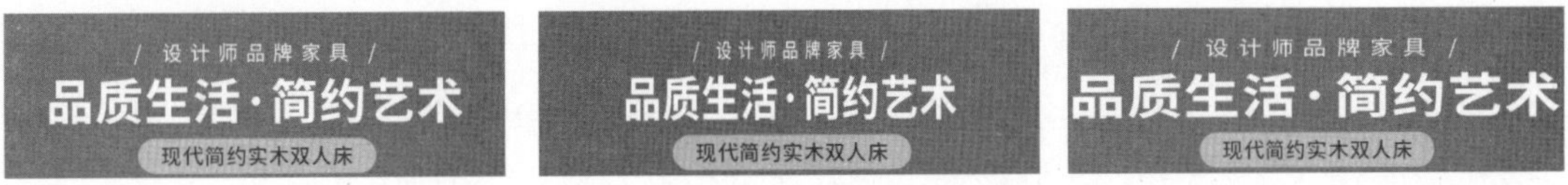

数值为 100%时的效果　　　数值为 80%时的效果　　　数值为 120%时的效果

图 10-62

设置基线偏移 **A⁴** 0 点：选中字符，在数值框中直接输入数值，可以使字符上下或左右移动。输入正值时，水平字符上移，垂直字符右移；输入负值时，水平字符下移，垂直字符左移，效果如图 10-63 所示。

选中字符

数值为 20 时的效果

数值为−20 时的效果

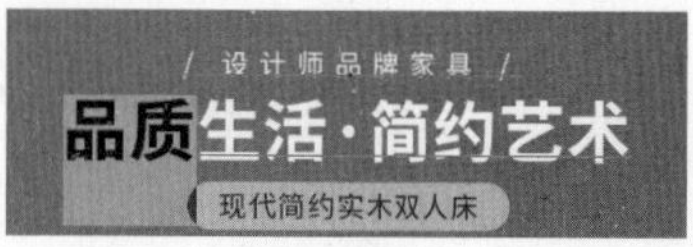

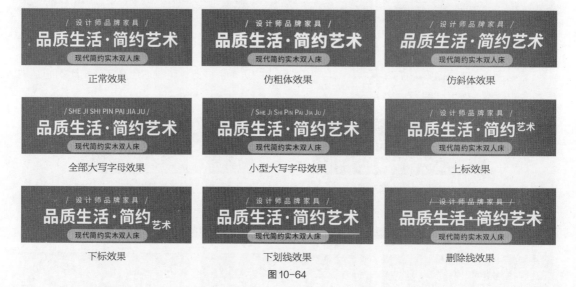

图 10-63

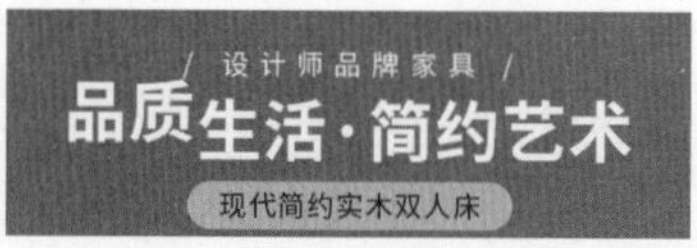

设置文本颜色颜色：：在色标上单击，弹出“拾色器（文本颜色）”对话框，在对话框中设置需要的颜色后，单击“确定”按钮，可改变文字的颜色。

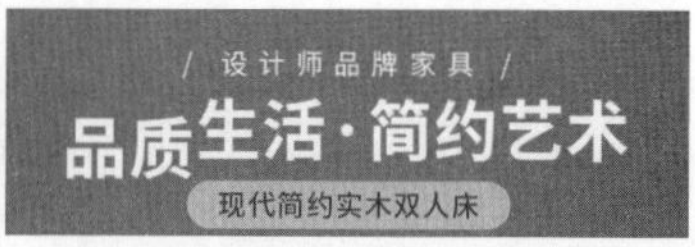

设定字符形式 T *T* TT Tт T¹ T₁ T T：从左到右依次为“仿粗体”按钮 T、“仿斜体”按钮 *T*、“全部大写字母”按钮 TT、“小型大写字母”按钮 Tт、“上标”按钮 T¹、“下标”按钮 T₁、“下划线”按钮 T 和“删除线”按钮 T。单击不同的按钮，可得到不同的字符形式，效果如图 10-64 所示。

正常效果

仿粗体效果

仿斜体效果

全部大写字母效果

小型大写字母效果

上标效果

下标效果

下划线效果

删除线效果

图 10-64

语言设置 美国英语：单击右侧的按钮，可在弹出的下拉列表中选择需要的字典。字典主要用于进行拼写检查和连字的设定。

设置消除锯齿的方法 锐利：包括无、锐利、犀利、浑厚和平滑 5 种消除锯齿的方法。

10.1.5 栅格化文字

“图层”控制面板中的文字图层如图 10-65 所示，选择“图层 > 栅格化 > 文字”命令，可以将文字图层转换为图像图层，如图 10-66 所示；也可在文字图层上单击鼠标右键，在弹出的快捷菜单中选择“栅格化文字”命令；还可以选择“文字 > 栅格化文字图层”命令。

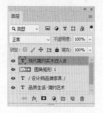

图 10-65

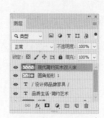

图 10-66

10.1.6　输入段落文字

选择横排文字工具 **T**，将鼠标指针移动到图像窗口中，鼠标指针变为 I 形状。按住鼠标左键不放，拖曳鼠标，在图像窗口中创建一个段落文字定界框，如图 10-67 所示。单击后，文本插入点会显示在定界框的左上角，段落文字定界框具有自动换行功能，如果输入的文字较多，则当文字遇到定界框时，会自动换到下一行显示。输入段落文字，效果如图 10-68 所示。

如果输入的文字需要分段，可以按 Enter 键进行操作。还可以对定界框进行旋转、拉伸等操作。

图 10-67　　　　　　　　　　　　　　　　　　图 10-68

10.1.7　编辑段落文字的定界框

将鼠标指针放在定界框的控制节点上，鼠标指针变为 形状，如图 10-69 所示，拖曳控制节点可以缩放定界框，如图 10-70 所示。按住 Shift 键的同时拖曳控制节点，可以成比例地缩放定界框。

图 10-69　　　　　　　　　　　　　　　　　　图 10-70

将鼠标指针放在定界框的外侧，鼠标指针变为 形状，此时拖曳鼠标可以旋转定界框，如图 10-71 所示。按住 Ctrl 键的同时，将鼠标指针放在定界框的外侧，鼠标指针变为 形状，此时拖曳鼠标可以改变定界框的倾斜度，效果如图 10-72 所示。

图 10-71　　　　　　　　　　　　　　　　　　图 10-72

10.1.8　段落设置

选择"窗口 > 段落"命令，弹出"段落"控制面板，如图 10-73 所示。

▤▤▤：用于调整文本段落中每行的对齐方式，包括左对齐文本、居中对齐文本、右对齐文本。

▤▤▤：用于调整段落的对齐方式，包括段落最后一行左对齐、最后一行居中对齐、最后一行右对齐。

全部对齐▤：用于设置整个段落中的行两端对齐。

左缩进▸▤：在数值框中输入数值可以设置段落左端的缩进量。

右缩进▤◂：在数值框中输入数值可以设置段落右端的缩进量。

首行缩进▸▤：在数值框中输入数值可以设置段落第一行的左端缩进量。

段前添加空格▸▤：在数值框中输入数值可以设置当前段落与前一段落的距离。

图 10-73

段后添加空格▸▤：在数值框中输入数值可以设置当前段落与后一段落的距离。

避头尾法则设置、间距组合设置：用于设置段落的样式。

连字：用于设置文字是否与连字符连接。

10.1.9 横排与直排文字

在图像窗口中输入直排文字，如图 10-74 所示，选择"文字 > 文本排列方向 > 横排"命令，文字将从垂直方向转换为水平方向，如图 10-75 所示。

图 10-74

图 10-75

10.1.10 点文字与段落文字、路径、形状的转换

1. 点文字与段落文字的转换

在图像中建立点文字图层，选择"文字 > 转换为段落文本"命令，可将点文字图层转换为段落文字图层。

要将建立的段落文字图层转换为点文字图层，选择"文字 > 转换为点文本"命令即可。

2. 将文字转换为路径

在图像窗口中输入文字，如图 10-76 所示，选择"文字 > 创建工作路径"命令，将文字转换为路径，效果如图 10-77 所示。

图 10-76

图 10-77

3. 将文字转换为形状

在图像窗口中输入文字，选择"文字 > 转换为形状"命令，将文字转换为形状，效果如图 10-78 所示，在"图层"控制面板中，文字图层转换为形状图层，如图 10-79 所示。

图 10-78

图 10-79

10.2 变形文字

使用"文字变形"命令，可以根据需要对输入的文字进行各种变形操作。

10.2.1 课堂案例——制作霓虹字

案例学习目标

学习使用"文字变形"命令制作变形文字。

案例知识要点

使用横排文字工具输入文字，使用"文字变形"命令制作变形文字，使用"添加图层样式"按钮为文字添加特殊效果，效果如图 10-80 所示。

图 10-80

微课视频

扫码观看
本案例视频

扩展阅读

效果所在位置

Ch10\效果\制作霓虹字.psd。

（1）按 Ctrl+O 组合键，打开云盘中的"Ch10 > 素材 > 制作霓虹字 > 01"文件，如图 10-81 所示。选择横排文字工具 T，在适当的位置输入并选取需要的文字，"图层"控制面板中生成新的文字图层。选择"窗口 > 字符"命令，弹出"字符"控制面板，将"颜色"设为白色，其他选项的设置如图 10-82 所示，按 Enter 键确定操作，效果如图 10-83 所示。

图 10-81   图 10-82   图 10-83

（2）单击"图层"控制面板下方的"添加图层样式"按钮 *fx*，在弹出的菜单中选择"描边"命令，弹出对话框，将描边颜色设为白色，其他选项的设置如图 10-84 所示。选择"内发光"选项，切换到相应的面板，将发光颜色设为玫红色（207、11、101），其他选项的设置如图 10-85 所示。

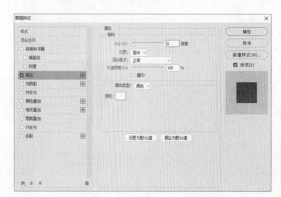

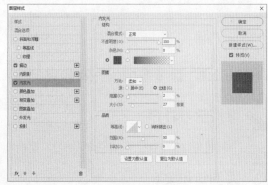

图 10-84   图 10-85

（3）选择"外发光"选项，切换到相应的面板，将发光颜色设为玫红色（207、11、101），其他选项的设置如图 10-86 所示，单击"确定"按钮，图像效果如图 10-87 所示。

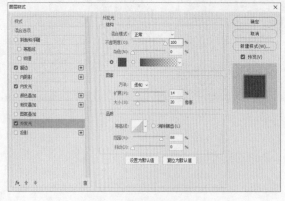

图 10-86   图 10-87

（4）选择"文字 > 文字变形"命令，弹出"变形文字"对话框，各选项的设置如图 10-88 所示，单击"确定"按钮，文字效果如图 10-89 所示。

图 10-88

图 10-89

（5）选择椭圆工具 ○，将属性栏中的"选择工具模式"设为"形状"，"填充"颜色设为无，"描边"颜色设为白色，"描边宽度"设为 11 像素，按住 Shift 键的同时，在图像窗口中绘制一个圆形，效果如图 10-90 所示，"图层"控制面板中生成新的形状图层"椭圆 1"。将"椭圆 1"图层拖曳到文字图层的下方，如图 10-91 所示，图像效果如图 10-92 所示。

图 10-90

图 10-91

图 10-92

（6）单击"图层"控制面板下方的"添加图层样式"按钮 fx，在弹出的菜单中选择"外发光"选项，弹出对话框，将发光颜色设为玫红色（207、11、101），其他选项的设置如图 10-93 所示，单击"确定"按钮，图像效果如图 10-94 所示。

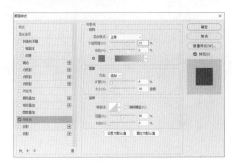

图 10-93

图 10-94

（7）选择横排文字工具 T，在适当的位置输入并选取需要的文字，"图层"控制面板中生成新的文字图层。在"字符"控制面板中，将"颜色"设为黄色（228、205、48），其他选项的设置如图 10-95 所示，按 Enter 键确定操作，图像效果如图 10-96 所示。霓虹字制作完成。

图 10-95

图 10-96

10.2.2 创建并编辑变形文字

在"变形文字"对话框中可以对文字进行多种样式的变形，如扇形、旗帜、波浪、膨胀、扭转等。

1. 制作扭曲变形文字

选择横排文字工具 **T.**，在图像窗口中输入文字，如图 10-97 所示，单击属性栏中的"创建文字变形"按钮 **工.**，弹出"变形文字"对话框，如图 10-98 所示，"样式"下拉列表中包含多种文字变形效果，如图 10-99 所示。应用不同的变形样式后，文字效果如图 10-100 所示。

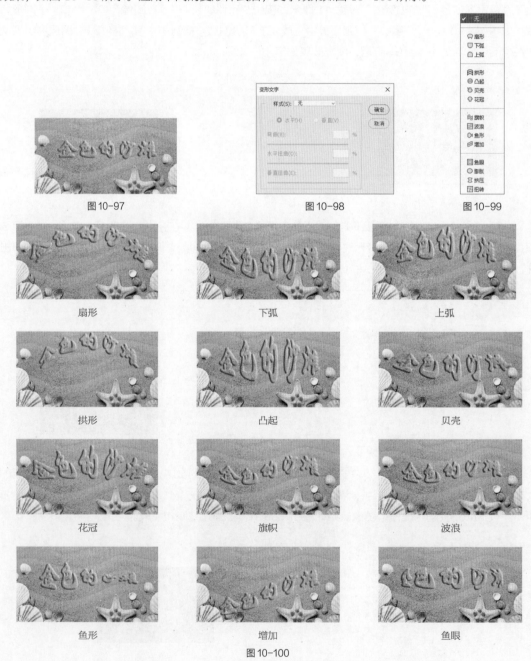

图 10-97　　　　　　　　　图 10-98　　　　　　　　　图 10-99

扇形　　　　　　　　　下弧　　　　　　　　　上弧

拱形　　　　　　　　　凸起　　　　　　　　　贝壳

花冠　　　　　　　　　旗帜　　　　　　　　　波浪

鱼形　　　　　　　　　增加　　　　　　　　　鱼眼

图 10-100

膨胀　　　　　　　　　挤压　　　　　　　　　扭转

图 10-100（续）

2．设置变形效果

如果要修改文字的变形效果，可以调出"变形文字"对话框，在其中重新设置样式或更改当前应用样式的相关参数。

3．取消文字变形效果

如果要取消文字的变形效果，可以调出"变形文字"对话框，在"样式"下拉列表中选择"无"选项。

10.3　路径文字

Photoshop 提供了新的文字排列方法，可以像在 Illustrator 中一样把文本沿着路径放置。路径文字还可以在 Illustrator 中直接编辑。

10.3.1　课堂案例——制作餐厅招牌面宣传单

案例学习目标

学习使用椭圆工具和横排文字工具制作路径文字。

案例知识要点

使用移动工具添加素材图片，使用椭圆工具、横排文字工具和"字符"控制面板制作路径文字，使用横排文字工具和矩形工具添加其他相关信息，效果如图 10-101 所示。

图 10-101

◎ 效果所在位置

Ch10\效果\制作餐厅招牌面宣传单.psd。

（1）按 Ctrl+O 组合键，打开云盘中的"Ch10 > 素材 > 制作餐厅招牌面宣传单 > 01、02"文件。选择移动工具 ⊕，将"02"图片拖曳到"01"图像窗口中适当的位置，效果如图 10-102 所示，"图层"控制面板中生成新的图层，将其命名为"面"。

（2）单击"图层"控制面板下方的"添加图层样式"按钮 ƒx，在弹出的菜单中选择"投影"命令，在弹出的对话框中进行设置，如图 10-103 所示，单击"确定"按钮，效果如图 10-104 所示。

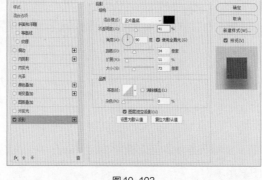

图 10-102　　　　　　　　　　　　　图 10-103　　　　　　　　　　　　　图 10-104

（3）选择椭圆工具 ◯，将属性栏中的"选择工具模式"设为"路径"，在图像窗口中绘制一个椭圆形路径，效果如图 10-105 所示。

（4）选择横排文字工具 T，将鼠标指针放置在路径上时鼠标指针会变为 ℐ 形状，单击会出现一个沿路径方向的文字区域，此处为输入文字的起始点，输入需要的文字。选取文字，在属性栏中选择合适的字体并设置文字大小，将文本颜色设为白色，效果如图 10-106 所示，"图层"控制面板生成新的文字图层。

（5）选取文字。按 Ctrl+T 组合键，弹出"字符"控制面板，将"设置所选字符的字距调整" V/A 0 设置为-450，其他选项的设置如图 10-107 所示，按 Enter 键确定操作，效果如图 10-108 所示。

图 10-105　　　　　　图 10-106　　　　　　图 10-107　　　　　　图 10-108

（6）选取文字"筋半肉面"。在属性栏中设置文字大小，效果如图 10-109 所示。在文字"肉"右侧单击以插入光标，在"字符"控制面板中，将"设置两个字符间的字距微调" V/A 0 设置为 60，其他选项的设置如图 10-110 所示，按 Enter 键确定操作，效果如图 10-111 所示。

图 10-109 　　　　　　　　　　图 10-110 　　　　　　　　　　图 10-111

（7）用步骤（3）~（6）的方法制作其他路径文字，效果如图 10-112 所示。按 Ctrl+O 组合键，打开云盘中的"Ch10 > 素材 > 制作餐厅招牌面宣传单 > 03"文件，选择移动工具 ，将图片拖曳到图像窗口中适当的位置，效果如图 10-113 所示，"图层"控制面板中生成新图层，将其命名为"筷子"。

（8）选择横排文字工具 ，在适当的位置输入并选取需要的文字，在属性栏中选择合适的字体并设置文字大小，将文本颜色设为浅棕色（209、192、165），效果如图 10-114 所示，"图层"控制面板中生成新的文字图层。

图 10-112 　　　　　　　　　　图 10-113 　　　　　　　　　　图 10-114

（9）选择横排文字工具 ，在适当的位置分别输入并选取需要的文字，在属性栏中选择合适的字体并设置文字大小，将文本颜色设为白色，效果如图 10-115 所示，"图层"控制面板中分别生成新的文字图层。

（10）选取文字"订餐……**"。在"字符"控制面板中，将"设置所选字符的字距调整" 设置为 75，其他选项的设置如图 10-116 所示，按 Enter 键确定操作，效果如图 10-117 所示。

图 10-115 　　　　　　　　　　图 10-116 　　　　　　　　　　图 10-117

（11）选取数字"400-78**89**"。在属性栏中选择合适的字体并设置文字大小，效果如图 10-118 所示。选取符号"**"。在"字符"控制面板中，将"设置基线偏移" 设为 -15 点，其他选项的设置如图 10-119 所示，按 Enter 键确定操作，效果如图 10-120 所示。

图 10-118　　　　　　　　　　图 10-119　　　　　　　　　　图 10-120

（12）用相同的方法调整另一组符号的基线偏移效果，如图 10-121 所示。选择横排文字工具 **T.**，在适当的位置输入并选取需要的文字，在属性栏中选择合适的字体并设置文字大小，将文本颜色设为浅棕色（209、192、165），效果如图 10-122 所示，"图层"控制面板中生成新的文字图层。

图 10-121　　　　　　　　　　　　　　图 10-122

（13）在"字符"控制面板中，将"设置所选字符的字距调整" VA 0 　　　 设为 340，其他选项的设置如图 10-123 所示，按 Enter 键确定操作，效果如图 10-124 所示。

图 10-123　　　　　　　　　　　　　图 10-124

（14）选择矩形工具 ▢，将属性栏中的"选择工具模式"设为"形状"，"填充"颜色设为浅棕色（209、192、165），"描边"颜色设为无，在图像窗口中绘制一个矩形，效果如图 10-125 所示，"图层"控制面板中生成新的形状图层"矩形 1"。

（15）选择横排文字工具 **T.**，在适当的位置输入并选取需要的文字，在属性栏中选择合适的字体并设置文字大小，将文本颜色设为黑色，效果如图 10-126 所示，"图层"控制面板中生成新的文字图层。

图 10-125　　　　　　　　　　　　　图 10-126

（16）在"字符"控制面板中，将"设置所选字符的字距调整" 设为 340，其他选项的设置如图 10-127 所示，按 Enter 键确定操作，效果如图 10-128 所示。餐厅招牌面宣传单制作完成，效果如图 10-129 所示。

图 10-127

图 10-128

图 10-129

10.3.2　在路径上创建并编辑文字

应用路径可以将输入的文字以多种方式排列。创建文字时可以将文字建立在路径上，并应用路径对文字进行调整。

1. 在路径上创建文字

选择椭圆工具 ，在属性栏中的"选择工具模式"中选择"路径"选项，按住 Shift 键的同时，在图像窗口中绘制圆形路径，如图 10-130 所示。选择横排文字工具 ，将鼠标指针放在路径上，鼠标指针将变为 形状，如图 10-131 所示。单击路径会出现闪烁的光标，此处为输入文字的起始点。输入的文字会沿着路径的形状进行排列，效果如图 10-132 所示。

> "路径"控制面板中的文字路径层与"图层"控制面板中相对的文字图层是相链接的，删除文字图层时，文字路径层会自动被删除，删除其他工作路径不会对文字的排列产生影响。如果要修改文字的排列形状，需要对文字路径进行修改。

文字输入完成后，在"路径"控制面板中会自动生成文字路径层，如图 10-133 所示。单击"视图"菜单，取消"显示额外内容"命令的选中状态，可以隐藏文字路径，效果如图 10-134 所示。

图 10-130

图 10-131

图 10-132

图 10-133

图 10-134

2. 在路径上移动文字

选择路径选择工具 ，将鼠标指针放置在文字上，鼠标指针显示为 形状，如图 10-135 所示，单击并沿着路径拖曳鼠标，可以移动文字，效果如图 10-136 所示。

图 10-135

图 10-136

3. 在路径上翻转文字

选择"路径选择"工具 ，将鼠标指针放置在文字上，鼠标指针显示为 ⊢ 形状，如图 10-137 所示，将文字沿路径向下拖曳，可以沿路径翻转文字，效果如图 10-138 所示。

图 10-137

图 10-138

4. 修改文字排列形态

在路径上创建了文字后，同样可以编辑路径。选择直接选择工具 ，在路径上单击，路径上会显示出控制节点，拖曳控制节点修改路径的形状，如图 10-139 所示。文字会按照修改后的路径进行排列，效果如图 10-140 所示。

图 10-139

图 10-140

课堂练习——制作实木双人床 Banner

🔗 练习知识要点

使用"新建参考线"命令建立参考线，使用矩形工具绘制背景，使用"置入"命令置入图片，使用"添加图层样式"按钮制作投影效果，使用横排文字工具添加宣传文字，使用"圆角矩形"工具绘制装饰图形，效果如图 10-141 所示。

图 10-141

微课视频

扫码观看
本案例视频

效果所在位置

Ch10\效果\制作实木双人床 Banner.psd。

课后习题——制作服饰类 App 主页 Banner

 **习题知识要点**

使用横排文字工具输入文字，使用"栅格化文字"命令将文字图层转换为图像图层，使用"文字变形"命令制作文字变形效果，使用"添加图层样式"按钮添加文字描边，使用钢笔工具绘制高光，使用多边形套索工具绘制装饰图形，效果如图 10-142 所示。

图 10-142

 效果所在位置

Ch10\效果\制作服饰类 App 主页 Banner.psd。

11

第 11 章
通道的应用

本章介绍

　　本章主要介绍通道的基本操作、通道的运算以及通道蒙版等知识，并通过多个实际应用案例进一步讲解通道命令的使用方法。通过对本章的学习，读者能够合理地使用通道制作出满意的作品。

学习目标

- ✔ 了解"通道"控制面板。
- ✔ 熟练掌握通道的创建、复制、删除方法。
- ✔ 了解专色通道，掌握分离与合并通道的方法。
- ✔ 掌握通道的运算和蒙版的应用。

技能目标

- ✔ 掌握"婚纱摄影类公众号运营海报"的制作方法。
- ✔ 掌握"活力青春公众号封面首图"的制作方法。
- ✔ 掌握"女性健康公众号首页次图"的制作方法。
- ✔ 掌握"婚纱摄影类公众号封面首图"的制作方法。

素养目标

- ✔ 培养自主获取信息和评估的能力。
- ✔ 培养责任感和团队合作精神。
- ✔ 培养能够对信息加工处理，并合理使用的能力。

11.1 通道的操作

使用"通道"控制面板可以对通道进行创建、复制、删除、分离与合并等操作。

11.1.1 课堂案例——制作婚纱摄影类公众号运营海报

案例学习目标

学习使用"通道"控制面板抠出婚纱。

案例知识要点

使用钢笔工具绘制选区，使用"色阶"命令调整图片，使用"通道"控制面板和"计算"命令抠出婚纱，效果如图 11-1 所示。

图 11-1

效果所在位置

Ch11\效果\制作婚纱摄影类公众号运营海报.psd。

（1）按 Ctrl+O 组合键，打开云盘"Ch11 > 素材 > 制作婚纱摄影类公众号运营海报 > 01"文件，如图 11-2 所示。

（2）选择钢笔工具 ，将属性栏中的"选择工具模式"设为"路径"，沿着人物的轮廓绘制路径，绘制时要避开半透明的婚纱，如图 11-3 所示。

（3）按 Ctrl+Enter 组合键，将路径转换为选区，如图 11-4 所示。单击"通道"控制面板下方的"将选区存储为通道"按钮 ，将选区存储为通道，如图 11-5 所示。按 Ctrl+D 组合键，取消选区。

图 11-2

图 11-3

图 11-4

图 11-5

（4）将"红"通道拖曳到"通道"控制面板下方的"创建新通道"按钮  上，复制通道，如图 11-6 所示。选择钢笔工具 ，在图像窗口中绘制路径，如图 11-7 所示。按 Ctrl+Enter 组合键，将路径转换为选区，效果如图 11-8 所示。

图 11-6   图 11-7   图 11-8

（5）将前景色设为黑色。按 Alt+Delete 组合键，用前景色填充选区。按 Ctrl+D 组合键，取消选区，效果如图 11-9 所示。选择"图像 > 计算"命令，在弹出的对话框中进行设置，如图 11-10 所示，单击"确定"按钮，得到新的通道图像，效果如图 11-11 所示。

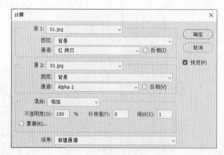

图 11-9   图 11-10   图 11-11

（6）选择"图像 > 调整 > 色阶"命令，在弹出的对话框中进行设置，如图 11-12 所示，单击"确定"按钮，效果如图 11-13 所示。按住 Ctrl 键的同时，单击"Alpha2"通道的缩览图，如图 11-14 所示，载入婚纱选区，效果如图 11-15 所示。

图 11-12   图 11-13   图 11-14   图 11-15

（7）单击"RGB"通道，显示彩色图像。单击"图层"控制面板下方的"添加图层蒙版"按钮 ，添加图层蒙版，如图 11-16 所示，抠出婚纱图像，效果如图 11-17 所示。

（8）按 Ctrl+N 组合键，弹出"新建文档"对话框，设置宽度为 750 像素，高度为 1181 像素，分辨率为 72 像素/英寸，颜色模式为 RGB 颜色，背景内容为蓝灰色（143、153、165），单击"创建"按钮，新建一个文件。

（9）选择移动工具 ⊕.，将抠出的婚纱图像拖曳到新建图像窗口中适当的位置，并调整其大小，效果如图 11-18 所示，"图层"控制面板中会生成新的图层，将其命名为"婚纱照"。

图 11-16

图 11-17

图 11-18

（10）按 Ctrl+L 组合键，弹出"色阶"对话框，各选项的设置如图 11-19 所示，单击"确定"按钮，图像效果如图 11-20 所示。

（11）按 Ctrl+O 组合键，打开云盘"Ch11 > 素材 > 制作婚纱摄影类公众号运营海报 > 02"文件。选择移动工具 ⊕.，将"02"图片拖曳到新建图像窗口中适当的位置，效果如图 11-21 所示，"图层"面板中会生成新的图层，将其命名为"文字"。婚纱摄影类公众号运营海报制作完成。

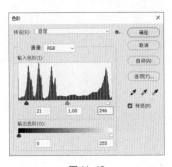

图 11-19

图 11-20

图 11-21

11.1.2 "通道"控制面板

使用"通道"控制面板可以管理所有的通道并对通道进行编辑。

选择"窗口 > 通道"命令，弹出"通道"控制面板，如图 11-22 所示。在控制面板中，放置区用于存放当前图像中存在的所有通道。如果选中的只是其中的一个通道，则只有这个通道处于选中状态，通道上将出现一个灰色条。如果想选中多个通道，可以按住 Shift 键，再单击其他通道。通道左侧的眼睛图标 ⊙ 用于显示或隐藏通道。

在"通道"控制面板的底部有 4 个工具按钮，如图 11-23 所示。

"将通道作为选区载入"按钮 ⊙：用于将通道作为选区调出。

"将选区存储为通道"按钮 ▢：用于将选区存入通道中。

"创建新通道"按钮 ▣：用于创建新的通道或复制通道。

"删除当前通道"按钮 🗑：用于删除图像中的通道。

图 11-22

图 11-23

11.1.3 创建新通道

单击"通道"控制面板右上方的 ≡ 图标，弹出菜单，选择"新建通道"命令，弹出"新建通道"

对话框，如图 11-24 所示。单击"确定"按钮，"通道"控制面板中将创建一个新通道，即"Alpha 1"，"通道"控制面板如图 11-25 所示。

图 11-24

图 11-25

名称：用于设置新通道的名称。

色彩指示：用于选择保护区域。

颜色：用于设置新通道的颜色。

不透明度：用于设置新通道的不透明度。

单击"通道"控制面板下方的"创建新通道"按钮 ，也可以创建一个新通道。

11.1.4　复制通道

单击"通道"控制面板右上方的 图标，弹出菜单，选择"复制通道"命令，弹出"复制通道"对话框，如图 11-26 所示。

为：用于设置复制出的新通道的名称。

文档：用于设置复制通道的文件来源。

将需要复制的通道拖曳到控制面板下方的"创建新通道"按钮 上，也可以复制通道。

图 11-26

11.1.5　删除通道

单击"通道"控制面板右上方的 图标，弹出菜单，选择"删除通道"命令，即可将通道删除。

单击"通道"控制面板下方的"删除当前通道"按钮 ，弹出提示对话框，如图 11-27 所示，单击"是"按钮，可将通道删除。还可以将需要删除的通道直接拖曳到"删除当前通道"按钮 上进行删除。

图 11-27

11.1.6　专色通道

单击"通道"控制面板右上方的 图标，弹出菜单，选择"新建专色通道"命令，弹出"新建专色通道"对话框，如图 11-28 所示。

图 11-28

单击"通道"控制面板中新建的专色通道。选择画笔工具 ✏️，在属性栏中单击"切换'画笔设置'面板"按钮 ☑，弹出"画笔设置"控制面板，具体设置如图 11-29 所示，在图像窗口中进行绘制，效果如图 11-30 所示，"通道"控制面板如图 11-31 所示。

提示

前景色为黑色，绘制时的专色是不透明的；前景色为其他中间色，绘制时的专色是不同透明度的颜色；前景色为白色，绘制时的专色是透明的。

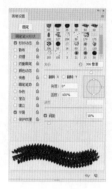

图 11-29

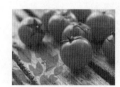

图 11-30

图 11-31

11.1.7　课堂案例——制作活力青春公众号封面首图

 案例学习目标

学习使用"通道"控制面板制作公众号封面首图。

 案例知识要点

使用"分离通道"命令和"合并通道"命令处理图片，使用"彩色半调"命令为通道添加滤镜效果，使用"色阶"命令和"曝光度"命令调整各通道的颜色，效果如图 11-32 所示。

微课视频

扫码观看
本案例视频

扩展阅读

图 11-32

效果所在位置

Ch11\效果\制作活力青春公众号封面首图.psd。

（1）按 Ctrl+O 组合键，打开云盘中的"Ch11 > 素材 > 制作活力青春公众号封面首图 > 01"
文件，如图 11-33 所示。选择"窗口 > 通道"命令，弹出"通道"控制面板，如图 11-34 所示。

图 11-33　　　　　　　　　　　　　　　　图 11-34

（2）单击"通道"控制面板右上方的 ≡ 图标，在弹出的菜单中选择"分离通道"命令，将图像
分离成"红""绿""蓝"3 个通道文件，如图 11-35 所示。选择通道文件"蓝"，如图 11-36 所示。

图 11-35　　　　　　　　　　　　　　　　图 11-36

（3）选择"滤镜 > 像素化 > 彩色半调"命令，在弹出的对话框中进行设置，如图 11-37 所示，
单击"确定"按钮，效果如图 11-38 所示。

图 11-37　　　　　　　　　　　　　　　　图 11-38

（4）选择通道文件"绿"。按 Ctrl+L 组合键，弹出"色阶"对话框，各选项的设置如图 11-39
所示，单击"确定"按钮，效果如图 11-40 所示。

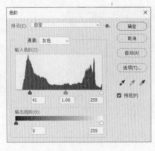

图 11-39　　　　　　　　　　　　　　　　图 11-40

（5）选择通道文件"红"。选择"图像 > 调整 > 曝光度"命令，在弹出的对话框中进行设置，
如图 11-41 所示，单击"确定"按钮，效果如图 11-42 所示。

图 11-41　　　　　　　　　　　图 11-42

（6）单击"通道"控制面板右上方的 ≡ 图标，在弹出的菜单中选择"合并通道"命令，在弹出的对话框中进行设置，如图 11-43 所示，单击"确定"按钮。弹出"合并 RGB 通道"对话框，如图 11-44 所示，单击"确定"按钮，合并通道，图像效果如图 11-45 所示。

图 11-43　　　　　　　　　　　图 11-44

（7）将前景色设为白色。选择横排文字工具 T.，在适当的位置输入并选取需要的文字，在属性栏中选择合适的字体并设置文字大小，效果如图 11-46 所示，"图层"控制面板中生成新的文字图层。活力青春公众号封面首图制作完成。

图 11-45　　　　　　　　　　　图 11-46

11.1.8　分离与合并通道

单击"通道"控制面板右上方的 ≡ 图标，弹出菜单，选择"分离通道"命令，将图像中的每个通道分离成各自独立的 8 bit 灰度图像。图像原始效果如图 11-47 所示，分离后的效果如图 11-48 所示。

图 11-47　　　　　　　　　　　图 11-48

单击"通道"控制面板右上方的 ≡ 图标，弹出菜单，选择"合并通道"命令，弹出"合并通道"对话框，具体设置如图 11-49 所示，单击"确定"按钮，弹出"合并 RGB 通道"对话框，如图 11-50 所示。可以在选定的色彩模式中为每个通道指定一幅灰度图像，被指定的图像可以是同一幅图像，也可以是不同的图像。在合并之前，所有要合并的图像都必须是打开的，尺寸也要保持一致，且都要为灰度图像。单击"确定"按钮，即可将分离的通道合并。

图 11-49

图 11-50

11.2 通道运算

"应用图像"命令可以计算通道内的图像，使图像产生特殊的混合效果。"计算"命令同样可以计算两个通道中的相应内容，但主要用于合成单个通道的内容。

11.2.1 课堂案例——制作女性健康公众号首页次图

案例学习目标

学习使用"应用图像"命令合成图像。

案例知识要点

使用"应用图像"命令制作合成图像，效果如图 11-51 所示。

图 11-51

效果所在位置

Ch11\效果\制作女性健康公众号首页次图.psd。

（1）按 Ctrl+O 组合键，打开云盘中的"Ch11 > 素材 > 制作女性健康公众号首页次图 > 01、02"文件，如图 11-52 和图 11-53 所示。

（2）选择"图像 > 应用图像"命令，在弹出的对话框中进行设置，如图 11-54 所示，单击"确定"按钮。

图 11-52

图 11-53

图 11-54

（3）选择"图像 > 调整 > 曲线"命令，弹出对话框，在曲线上单击添加控制点，具体设置如图 11-55 所示，再次单击添加控制点，具体设置如图 11-56 所示，单击"确定"按钮，效果如图 11-57 所示。女性健康公众号首页次图制作完成。

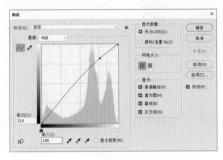
图 11-55

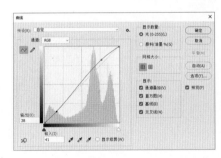
图 11-56

图 11-57

11.2.2　应用图像

选择"图像 > 应用图像"命令，弹出"应用图像"对话框，如图 11-58 所示。

源：用于选择源文件。

图层：用于选择源文件的图层。

通道：用于选择源通道。

反相：用于在处理前先反转通道中的内容。

目标：显示目标文件的名称、图层、通道及色彩模式等信息。

混合：用于选择混合模式，即选择两个通道对应像素的计算方法。

图 11-58

不透明度：用于设定图像的不透明度。

蒙版：用于加入蒙版以限定选区。

> **提示**
>
> "应用图像"命令要求源文件与目标文件的大小必须相同，因为参与计算的两个通道内的像素是一一对应的。

打开两幅图像，如图 11-59 和图 11-60 所示。选中"02"图像，选择"图像 > 应用图像"命令，弹出"应用图像"对话框，具体设置如图 11-61 所示，单击"确定"按钮，两幅图像混合后的效果如图 11-62 所示。

图 11-59　　　　　　图 11-60　　　　　　图 11-61　　　　　　图 11-62

在"应用图像"对话框中勾选"蒙版"复选框，显示出蒙版的相关选项，其他选项的设置如图 11-63 所示，单击"确定"按钮，两幅图像混合后的效果如图 11-64 所示。

图 11-63　　　　　　　　　　　　　　图 11-64

11.2.3　计算

选择"图像 > 计算"命令，弹出"计算"对话框，如图 11-65 所示。

源 1：用于选择源文件 1。

图层：用于选择源文件 1 中的图层。

通道：用于选择源文件 1 中的通道。

反相：用于反转通道中的内容。

源 2：用于选择源文件 2。

混合：用于选择混合模式。

不透明度：用于设定不透明度。

图 11-65

结果：用于指定处理结果的存放位置。

尽管"计算"命令与"应用图像"命令都是对两个通道的相应内容进行计算的命令，但是二者也有区别。用"应用图像"命令处理后的结果可作为源文件或目标文件使用，而用"计算"命令处理后的结果则存储为一个通道，如存储为 Alpha 通道，使其可转换为选区以供其他工具使用。

在"计算"对话框中进行设置，如图 11-66 所示，单击"确定"按钮，两张图像进行通道运算后产生的新通道如图 11-67 所示，图像效果如图 11-68 所示。

图 11-66

图 11-67

图 11-68

11.3 通道蒙版

在通道中可以快速地创建蒙版，还可以存储蒙版。

11.3.1 课堂案例——制作婚纱摄影类公众号封面首图

案例学习目标

学习使用"以快速蒙版模式编辑"按钮制作公众号封面首图。

案例知识要点

使用"以快速蒙版模式编辑"按钮和画笔工具制作图像画框，使用移动工具添加文字，效果如图 11-69 所示。

图 11-69

微课视频

扫码观看
本案例视频

扩展阅读

效果所在位置

Ch11\效果\制作婚纱摄影类公众号封面首图.psd。

（1）按 Ctrl+N 组合键，弹出"新建文档"对话框，设置宽度为 900 像素，高度为 383 像素，分辨率为 72 像素/英寸，颜色模式为 RGB 颜色，背景内容为白色，单击"创建"按钮，新建一个文件。

（2）按 Ctrl+O 组合键，打开云盘中的"Ch11 > 素材 > 制作婚纱摄影类公众号封面首图 > 01、02"文件。选择移动工具 ⊕，分别将"01"和"02"图片拖曳到新建的图像窗口中适当的位置，使"纹理"图像完全遮挡"底图"图像，效果如图 11-70 所示，"图层"控制面板中分别生成新图层，将它们分别命名为"底图"和"纹理"，如图 11-71 所示。

（3）在"图层"控制面板上方，将"纹理"图层的混合模式设为"正片叠底"，如图 11-72 所示，图像效果如图 11-73 所示。

图 11-70

图 11-71

图 11-72

（4）单击"图层"控制面板下方的"添加图层蒙版"按钮 ▣，为图层添加蒙版。将前景色设为黑色。选择画笔工具 ✐，在属性栏中单击"画笔预设"右侧的 按钮，弹出画笔选择面板，选择需要的画笔形状，将"大小"设为 100 像素，如图 11-74 所示。在图像窗口中拖曳鼠标以擦除不需要的图像，效果如图 11-75 所示。

图 11-73

图 11-74

图 11-75

（5）新建图层并将其命名为"画笔"。将前景色设为白色。按 Alt+Delete 组合键，用前景色填充"画笔"图层。单击工具箱下方的"以快速蒙版模式编辑"按钮 ▣，进入蒙版状态。将前景色设为黑色。选择画笔工具 ✐，在属性栏中单击"画笔预设"右侧的 按钮，弹出画笔选择面板。在面板中单击"旧版画笔"选项组，再单击"粗画笔"选项组，选择需要的画笔形状，将"大小"设为 30 像素，如图 11-76 所示。在图像窗口中拖曳鼠标以绘制图像，效果如图 11-77 所示。

图 11-76

图 11-77

（6）单击工具箱下方的"以标准模式编辑"按钮 ■，恢复到标准编辑状态，图像窗口中生成选区，如图 11-78 所示。按 Shift+Ctrl+I 组合键，将选区反选。按 Delete 键，删除选区中的图像。按 Ctrl+D 组合键，取消选区，效果如图 11-79 所示。

（7）按 Ctrl+O 组合键，打开云盘中的"Ch11 > 素材 > 制作婚纱摄影类公众号封面首图 > 03"文件。选择移动工具 ✛，将"03"图片拖曳到新建的图像窗口中适当的位置，效果如图 11-80 所示，"图层"控制面板中生成新图层，将其命名为"文字"。婚纱摄影类公众号封面首图制作完成。

图 11-78

图 11-79

图 11-80

11.3.2　快速蒙版的制作

打开一幅图像，如图 11-81 所示。选择魔棒工具 ⚲，在图像窗口中单击图像生成选区，如图 11-82 所示。

图 11-81

图 11-82

单击工具箱下方的"以快速蒙版模式编辑"按钮 ▣，进入蒙版状态，选区暂时消失，图像中的未选择区域变为红色，如图 11-83 所示。"通道"控制面板中将自动生成快速蒙版，如图 11-84 所示。快速蒙版图像如图 11-85 所示。

图 11-83

图 11-84

图 11-85

提示

系统预设的蒙版颜色为半透明的红色。

选择画笔工具 ✎，在画笔工具属性栏中进行设定，如图 11-86 所示。将快速蒙版中不需要的区域绘制为黑色，图像效果如图 11-87 所示，"通道"控制面板如图 11-88 所示。

图 11-86　　　　　　　　　　　　图 11-87　　　　　　　　　　　　图 11-88

11.3.3　在 Alpha 通道中存储蒙版

在图像中绘制选区，如图 11-89 所示。选择"选择 > 存储选区"命令，弹出"存储选区"对话框，按图 11-90 所示进行设置，单击"确定"按钮，建立通道蒙版"厨具"。或单击"通道"控制面板中的"将选区存储为通道"按钮 ，建立通道蒙版"厨具"，如图 11-91 所示，图像效果如图 11-92 所示，将图像保存。

图 11-89　　　　　　　　图 11-90　　　　　　　　图 11-91　　　　　　　　图 11-92

再次打开图像时，选择"选择 > 载入选区"命令，弹出"载入选区"对话框，按图 11-93 所示进行设置，单击"确定"按钮，将"厨具"通道的选区载入。或单击"通道"控制面板中的"将通道作为选区载入"按钮 ，将"厨具"通道作为选区载入，效果如图 11-94 所示。

图 11-93　　　　　　　　　　　　　　　　图 11-94

课堂练习——制作化妆品类公众号封面次图

练习知识要点

使用"色阶"命令和"通道"控制面板抠出人物，使用"色相/饱和度"命令和"色阶"命令调整图像颜色，使用移动工具添加文字，效果如图 11-95 所示。

图 11-95

效果所在位置

Ch11\效果\制作化妆品类公众号封面次图.psd。

课后习题——制作摄影摄像类公众号封面首图

习题知识要点

使用"通道"控制面板调整图像颜色，使用横排文字工具添加宣传文字，效果如图 11-96 所示。

图 11-96

效果所在位置

Ch11\效果\制作摄影摄像类公众号封面首图.psd。

12

第12章
蒙版的使用

本章介绍

　　本章主要讲解蒙版的创建与编辑方法，以及图层蒙版、剪贴蒙版及矢量蒙版的应用技巧。通过对本章的学习，读者可以快速地掌握蒙版的使用技巧，制作出独特的图像效果。

学习目标

- ✔ 熟练掌握添加、隐藏图层蒙版的方法。
- ✔ 了解图层蒙版的链接方法。
- ✔ 掌握停用及删除图层蒙版的方法。
- ✔ 掌握剪贴蒙版与矢量蒙版的使用方法。

技能目标

- ✔ 掌握"饰品类公众号封面首图"的制作方法。
- ✔ 掌握"服装类App主页Banner"的制作方法。

素养目标

- ✔ 培养高效的执行力和工作效率。
- ✔ 培养尊重他人、团队合作的协作能力。
- ✔ 培养能够运用逻辑思维研究和分析问题的能力。

12.1 图层蒙版

图层蒙版可以使图层中图像的某些部分被处理成透明或半透明的效果，而且可以恢复已经处理过的图像，是 Photoshop 中一种独特的处理图像的方式。在编辑图像时可以为某一个图层或多个图层添加蒙版，并可以对添加的蒙版进行编辑、隐藏、链接、删除等操作。

12.1.1 课堂案例——制作饰品类公众号封面首图

案例学习目标

学习使用图层混合模式和"添加图层蒙版"按钮制作公众号封面首图。

案例知识要点

使用图层混合模式融合图片，使用"垂直翻转"命令、"添加图层蒙版"按钮和画笔工具制作倒影，效果如图 12-1 所示。

图 12-1

效果所在位置

Ch12\效果\制作饰品类公众号封面首图.psd。

（1）按 Ctrl+O 组合键，打开云盘中的"Ch12 > 素材 > 制作饰品类公众号封面首图 > 01、02"文件。选择移动工具 ⊕，将"02"图片拖曳到"01"图像窗口中适当的位置，效果如图 12-2 所示，"图层"控制面板中生成新图层，将其命名为"齿轮"。

（2）在"图层"控制面板上方，将"齿轮"图层的混合模式设为"正片叠底"，如图 12-3 所示，图像效果如图 12-4 所示。

图 12-2

图 12-3

图 12-4

（3）按 Ctrl+O 组合键，打开云盘中的"Ch12 > 素材 > 制作饰品类公众号封面首图 > 03"文件。选择移动工具⊕，将"03"图片拖曳到"01"图像窗口中适当的位置，效果如图 12-5 所示，"图层"控制面板中生成新图层，将其命名为"手表 1"。

（4）按 Ctrl+J 组合键，复制图层，"图层"控制面板中生成新的图层"手表 1 拷贝"，将其拖曳到"手表 1"图层的下方，如图 12-6 所示。

（5）按 Ctrl+T 组合键，图像周围出现变换框。在变换框中单击鼠标右键，在弹出的菜单中选择"垂直翻转"命令，垂直翻转图像，再将其拖曳到适当的位置，按 Enter 键确定操作，效果如图 12-7 所示。单击"图层"控制面板下方的"添加图层蒙版"按钮▣，为"手表 1 拷贝"图层添加蒙版，如图 12-8 所示。

图 12-5　　　　　　　　　　图 12-6　　　　　　　　　　图 12-7

（6）按 D 键，恢复默认的前景色和背景色。选择渐变工具▣，单击属性栏中的"点按可编辑渐变"按钮▣，弹出"渐变编辑器"对话框，将渐变色设为从黑色到白色，如图 12-9 所示，单击"确定"按钮。在图像下方从下向上拖曳鼠标以填充渐变色，效果如图 12-10 所示。

图 12-8　　　　　　　　　　图 12-9　　　　　　　　　　图 12-10

（7）按 Ctrl+O 组合键，打开云盘中的"Ch12 > 素材 > 制作饰品类公众号封面首图 > 04"文件。选择"移动"工具⊕，将"04"图片拖曳到"01"图像窗口中适当的位置，并调整其角度，效果如图 12-11 所示，"图层"控制面板中生成新图层，将其命名为"手表 2"。

（8）按 Ctrl+J 组合键，复制图层，"图层"控制面板中生成新的图层"手表 2 拷贝"，将其拖曳到"手表 2"图层的下方。用相同的方法制作"手表 2"的倒影效果，如图 12-12 所示。

（9）按 Ctrl+O 组合键，打开云盘中的"Ch12 > 素材 > 制作饰品类公众号封面首图 > 05"文件。选择移动工具⊕，将"05"图片拖曳到"01"图像窗口中适当的位置，效果如图 12-13 所示，"图层"控制面板中生成新图层，将其命名为"文字"。饰品类公众号封面首图制作完成。

图 12-11

图 12-12

图 12-13

12.1.2 添加图层蒙版

单击"图层"控制面板下方的"添加图层蒙版"按钮 ▣，可以创建图层蒙版，如图 12-14 所示。按住 Alt 键的同时，单击"图层"控制面板下方的"添加图层蒙版"按钮 ▣，可以创建一个遮盖了全部图层的蒙版，如图 12-15 所示。

图 12-14

图 12-15

选择"图层 > 图层蒙版 > 显示全部"命令，显示全部图像。选择"图层 > 图层蒙版 > 隐藏全部"命令，可以隐藏全部图像。

12.1.3 隐藏图层蒙版

按住 Alt 键的同时，单击图层蒙版缩览图，图像窗口中的图像将被隐藏，只显示蒙版缩览图中的图像，如图 12-16 所示，"图层"控制面板如图 12-17 所示。按住 Alt 键的同时，再次单击图层蒙版缩览图，将显示图像窗口中的图像。按住 Alt+Shift 组合键的同时，单击图层蒙版缩览图，将同时显示图像窗口和图层蒙版中的内容。

图 12-16

图 12-17

12.1.4 图层蒙版的链接

在"图层"控制面板中，图层缩览图与图层蒙版缩览图之间存在链接图标 ⑧，当图层与蒙版关联时，移动图层，蒙版会同步移动。单击链接图标 ⑧，将不显示此图标，此时可以分别对图层与蒙版进行操作。

12.1.5　停用及删除图层蒙版

在"通道"控制面板中，双击蒙版通道，弹出"图层蒙版显示选项"对话框，如图 12-18 所示，可以对蒙版的颜色和不透明度进行设置。

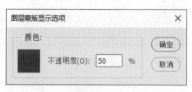

图 12-18

选择"图层 > 图层蒙版 > 停用"命令，或按住 Shift 键的同时，单击"图层"控制面板中的图层蒙版缩览图，图层蒙版被停用，如图 12-19 所示，图像将全部显示，如图 12-20 所示。按住 Shift 键的同时，再次单击图层蒙版缩览图，将恢复图层蒙版，效果如图 12-21 所示。

图 12-19　　　　　　　　　图 12-20　　　　　　　　　图 12-21

选择"图层 > 图层蒙版 > 删除"命令，或在图层蒙版缩览图上单击鼠标右键，在弹出的快捷菜单中选择"删除图层蒙版"命令，可以将图层蒙版删除。

12.2　剪贴蒙版与矢量蒙版

剪贴蒙版和矢量蒙版可以用遮盖的方式使图像产生特殊的效果。

12.2.1　课堂案例——制作服装类 App 主页 Banner

案例学习目标

学习使用"添加图层蒙版"按钮和"创建剪贴蒙版"命令制作服装类 App 主页 Banner。

案例知识要点

使用"添加图层蒙版"按钮和"创建剪贴蒙版"命令制作产品图片，使用移动工具添加宣传文字，效果如图 12-22 所示。

微课视频

扫码观看
本案例视频

扩展阅读

图 12-22

效果所在位置

Ch12\效果\制作服装类 App 主页 Banner.psd。

（1）按 Ctrl+N 组合键，弹出"新建文档"对话框，设置宽度为 750 像素，高度为 200 像素，分辨率为 72 像素/英寸，颜色模式为 RGB，背景内容为灰色（224、223、221），单击"创建"按钮，新建一个文件。

（2）按 Ctrl+O 组合键，打开云盘中的"Ch12 > 素材 > 制作服装类 App 主页 Banner > 01"文件。选择移动工具，将"01"图片拖曳到新建图像窗口中适当的位置，效果如图 12-23 所示，"图层"控制面板中生成新图层，将其命名为"人物"。

（3）单击"图层"控制面板下方的"添加图层蒙版"按钮，为"人物"图层添加蒙版。将前景色设为黑色。选择画笔工具，在属性栏中单击"画笔预设"右侧的按钮，弹出画笔选择面板，选择需要的画笔形状，将"大小"设为 100 像素，如图 12-24 所示。在图像窗口中拖曳鼠标以擦除不需要的图像，效果如图 12-25 所示。

图 12-23

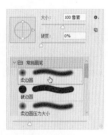

图 12-24

（4）选择椭圆工具，将属性栏中的"选择工具模式"设为"形状"，"填充"颜色设为白色，"描边"颜色设为无。按住 Shift 键的同时，在图像窗口中适当的位置绘制圆形，如图 12-26 所示，"图层"控制面板中生成新的形状图层"椭圆 1"。

图 12-25

图 12-26

（5）选择"文件 > 置入嵌入对象"命令，弹出"置入嵌入的对象"对话框。选择云盘中的"Ch12 > 素材 > 制作服装类 App 主页 Banner > 02"文件，单击"置入"按钮，置入图片。将其拖曳到适当的位置并调整其大小，按 Enter 键确定操作，"图层"控制面板中生成新图层，将其命名为"图 1"。按 Alt+Ctrl+G 组合键，为图层创建剪贴蒙版，效果如图 12-27 所示。

（6）按住 Shift 键的同时，单击"椭圆 1"图层，将需要的图层同时选取。按 Ctrl+G 组合键，群组图层并将其命名为"模特 1"，如图 12-28 所示。

（7）用步骤（4）~（6）的方法分别制作"模特 2"和"模特 3"图层组，图像效果如图 12-29 所示，"图层"控制面板如图 12-30 所示。

图 12-27

图 12-28

图 12-29

图 12-30

（8）按 Ctrl+O 组合键，打开云盘中的"Ch12 > 素材 > 制作服装类 App 主页 Banner > 05"文件。选择移动工具 ⊕，将"05"图片拖曳到新建的图像窗口中适当的位置，效果如图 12-31 所示，"图层"控制面板中生成新图层，将其命名为"文字"。服装类 App 主页 Banner 制作完成。

图 12-31

12.2.2　剪贴蒙版

打开一幅图像，如图 12-32 所示，"图层"控制面板如图 12-33 所示。按住 Alt 键的同时，将鼠标指针放置到"桥"图层和"矩形"图层的中间位置，鼠标指针变为 ↓□ 形状，如图 12-34 所示。

图 12-32

图 12-33

图 12-34

单击可创建剪贴蒙版，如图 12-35 所示，图像效果如图 12-36 所示。选择移动工具 ⊕，移动蒙版图像，效果如图 12-37 所示。

选中剪贴蒙版组中上方的图层，选择"图层 > 释放剪贴蒙版"命令，或按 Alt+Ctrl+G 组合键，即可删除剪贴蒙版。

图 12-35　　　　　　　　　　图 12-36　　　　　　　　　　图 12-37

12.2.3　矢量蒙版

打开一幅图像，如图 12-38 所示，"路径"控制面板如图 12-39 所示。

图 12-38　　　　　　　　　　　　　　　　图 12-39

选择"工作路径"，选择"图层 > 矢量蒙版 > 当前路径"命令，为图像添加矢量蒙版，如图 12-40 所示，图像窗口中的效果如图 12-41 所示。选择直接选择工具 ，可以修改路径的形状，从而修改蒙版的遮罩区域，如图 12-42 所示。

图 12-40　　　　　　　　　　图 12-41　　　　　　　　　　图 12-42

课堂练习——制作家电网站首页 Banner

🔗　练习知识要点

使用移动工具添加图片，使用多边形套索工具绘制选区，使用"创建剪贴蒙版"命令制作电视屏幕，使用"添加图层样式"按钮制作阴影，使用横排文字工具和"字符"控制面板添加广告语，效果如图 12-43 所示。

微课视频

扫码观看
本案例视频

图 12-43

 效果所在位置

Ch12\效果\制作家电网站首页 Banner.psd。

课后习题——制作草莓宣传广告

 习题知识要点

　　使用"置入嵌入对象"命令、移动工具添加素材图片，使用"添加图层蒙版"按钮、画笔工具制作背景图，使用"照片滤镜"命令调整图片颜色，使用多边形工具、"创建剪贴蒙版"命令制作窗户，使用横排文字工具添加广告信息，效果如图 12-44 所示。

微课视频

扫码观看
本案例视频

图 12-44

 效果所在位置

Ch12\效果\制作草莓宣传广告.psd。

13

第 13 章
滤镜效果

本章介绍

　　本章主要介绍 Photoshop 强大的滤镜功能，包括滤镜的分类、滤镜的重复使用及滤镜的使用技巧。通过对本章的学习，读者能够快速掌握相关知识点，应用丰富的滤镜资源制作出多变的图像效果。

学习目标

✔ 了解"滤镜"菜单并掌握滤镜的应用方法。
✔ 掌握滤镜的使用技巧。

技能目标

✔ 掌握"汽车销售类公众号封面首图"的制作方法。
✔ 掌握"彩妆网店详情页主图"的制作方法。
✔ 掌握"文化传媒类公众号封面首图"的制作方法。

素养目标

✔ 培养对信息加工处理，并合理使用的能力。
✔ 培养能够有效解决问题的科学思维能力。
✔ 培养能够履行职责，为团队服务的责任意识。

13.1　"滤镜"菜单与滤镜的应用

Photoshop 的"滤镜"菜单中提供了多种滤镜，选择这些滤镜命令，可以制作出奇妙的图像效果。单击"滤镜"菜单，弹出图 13-1 所示的菜单命令。

Photoshop 的"滤镜"菜单分为 4 部分，各部分之间以横线隔开。

第 1 部分为最近一次使用的滤镜，没有使用滤镜时，此命令显示为灰色，不可选择。使用任意一种滤镜后，当需要重复使用这种滤镜时，只要直接选择这种滤镜或按 Alt+Ctrl+F 组合键，即可重复使用。

第 2 部分为"转换为智能滤镜"命令，用户可随时对智能滤镜进行修改。

第 3 部分为 6 个 Photoshop 滤镜，每个滤镜的功能都十分强大。

第 4 部分为 11 个 Photoshop 滤镜组，每个滤镜组中都包含多个子滤镜。

图 13-1

13.1.1　课堂案例——制作汽车销售类公众号封面首图

案例学习目标

学习使用"滤镜库"命令制作公众号封面首图。

案例知识要点

使用滤镜库中的"艺术效果"滤镜和"纹理"滤镜制作图片特效，使用移动工具添加宣传文字，效果如图 13-2 所示。

图 13-2

微课视频

扫码观看
本案例视频

扩展阅读

效果所在位置

Ch13\效果\制作汽车销售类公众号封面首图.psd。

（1）按 Ctrl+N 组合键，弹出"新建文档"对话框，设置宽度为 1175 像素，高度为 500 像素，分辨率为 72 像素/英寸，颜色模式为 RGB 颜色，背景内容为白色，单击"创建"按钮，新建一个文件。

（2）按 Ctrl+O 组合键，打开云盘中的"Ch13 > 素材 > 制作汽车销售类公众号封面首图 > 01"文件。选择移动工具 ⊕，将"01"图片拖曳到新建图像窗口中适当的位置，并调整其大小，效果如图 13-3 所示，"图层"控制面板中生成新的图层，将其命名为"图片"。

图 13-3

（3）选择"滤镜 > 滤镜库"命令，在弹出的对话框中选择"艺术效果 > 海报边缘"滤镜，各选项的设置如图 13-4 所示，单击对话框右下方的"新建效果图层"按钮，生成新的效果图层，如图 13-5 所示。

图 13-4

图 13-5

（4）在对话框中选择"纹理 > 纹理化"滤镜，切换到相应的面板，各选项的设置如图 13-6 所示，单击"确定"按钮，效果如图 13-7 所示。

图 13-6

图 13-7

（5）按 Ctrl+O 组合键，打开云盘中的"Ch13 > 素材 > 制作汽车销售类公众号封面首图 > 02"文件，如图 13-8 所示。选择移动工具，将"02"图片拖曳到新建图像窗口中适当的位置，效果如图 13-9 所示，"图层"控制面板中生成新的图层，将其命名为"文字"。汽车销售类公众号封面首图制作完成。

图 13-8

图 13-9

13.1.2 滤镜库的功能

Photoshop 的滤镜库将常用滤镜组组合在一个面板中，以折叠菜单的形式显示，并为每一个滤镜提供了直观的效果预览，使用起来十分方便。

选择"滤镜 > 滤镜库"命令，弹出"滤镜库"对话框。在对话框中，左侧为滤镜预览框，可显示滤镜应用后的效果；中部为滤镜列表，每个滤镜组中包含多个特色滤镜，单击需要的滤镜组，可以浏览该滤镜组中的各个滤镜及其应用效果；右侧为滤镜参数设置栏，可设置所选滤镜的各个参数值，如图 13-10 所示。

图 13-10

1. "风格化"滤镜组

"风格化"滤镜组中只有一个"照亮边缘"滤镜，如图 13-11 所示。此滤镜可以搜索主要颜色的变化区域并强化其过渡像素，使图像产生轮廓发光的效果，应用滤镜前后的对比效果如图 13-12、图 13-13 所示。

图 13-11

图 13-12

图 13-13

2. "画笔描边"滤镜组

"画笔描边"滤镜组包含 8 个滤镜，如图 13-14 所示。此滤镜组对 CMYK 和 Lab 颜色模式的图像都不起作用。应用不同的滤镜制作出的效果如图 13-15 所示。

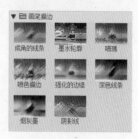

图 13-14

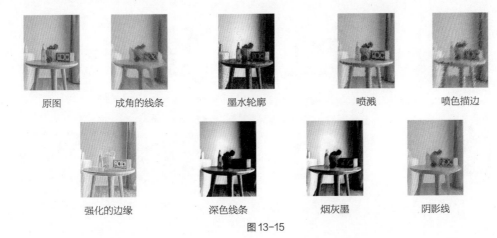

原图　　成角的线条　　墨水轮廓　　喷溅　　喷色描边

强化的边缘　　深色线条　　烟灰墨　　阴影线

图 13-15

3. "扭曲"滤镜组

"扭曲"滤镜组包含 3 个滤镜，如图 13-16 所示。使用此滤镜组中的滤镜可以使图像产生扭曲变形的效果。应用不同的滤镜制作出的效果如图 13-17 所示。

图 13-16

原图　　玻璃　　海洋波纹　　扩散亮光

图 13-17

4. "素描"滤镜组

"素描"滤镜组包含 14 个滤镜，如图 13-18 所示。此滤镜组只对 RGB 或灰度模式的图像起作用，可以制作出多种绘画效果。应用不同的滤镜制作出的效果如图 13-19 所示。

图 13-18

原图　　半调图案　　便条纸

粉笔和炭笔　　铬黄渐变　　绘图笔　　基底凸现

图 13-19

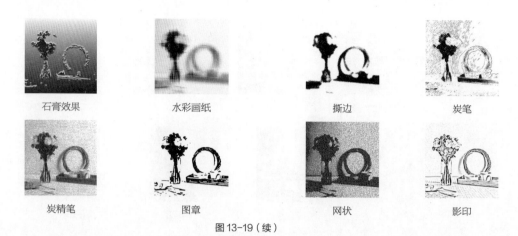

石膏效果	水彩画纸	撕边	炭笔
炭精笔	图章	网状	影印

图 13-19（续）

5. "纹理"滤镜组

"纹理"滤镜组包含 6 个滤镜，如图 13-20 所示。此滤镜组可以使图像中各颜色之间产生过渡变形的效果。应用不同滤镜制作出的效果如图 13-21 所示。

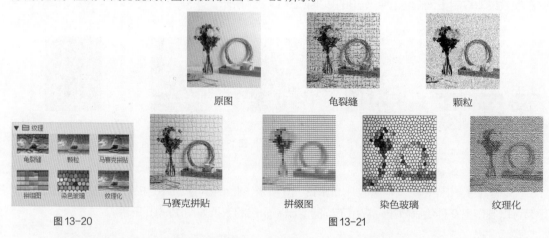

图 13-20

图 13-21

6. "艺术效果"滤镜组

"艺术效果"滤镜组包含 15 个滤镜，如图 13-22 所示。此滤镜组只有在 RGB 颜色模式和多通道颜色模式下才可用。应用不同滤镜制作出的效果如图 13-23 所示。

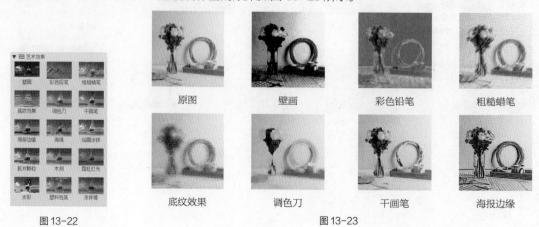

图 13-22

图 13-23

海绵	绘画涂抹	胶片颗粒	木刻
霓虹灯光	水彩	塑料包装	涂抹棒

图 13-23（续）

7. 滤镜的叠加

在"滤镜库"对话框中可以创建多个效果图层，每个图层可以应用不同的滤镜，从而使图像产生多个滤镜叠加后的效果。

为图像添加"强化的边缘"滤镜，如图 13-24 所示，单击"新建效果图层"按钮，生成新的效果图层，如图 13-25 所示。为图像添加"海报边缘"滤镜，叠加后的效果如图 13-26 所示。

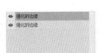
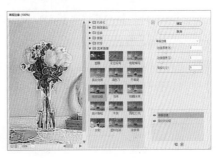

图 13-24　　　　　　图 13-25　　　　　　图 13-26

13.1.3　"自适应广角"滤镜

"自适应广角"滤镜可以对具有广角、超广角及鱼眼效果的图片进行校正。

打开一幅图像，如图 13-27 所示。选择"滤镜 > 自适应广角"命令，弹出对话框，如图 13-28 所示。

图 13-27　　　　　　　　　　图 13-28

在对话框左侧图片上需要调整的位置拖曳鼠标绘制一条直线段，如图 13-29 所示。再将中间的节点向上拖曳到适当的位置，图片边缘自动调整为直线，如图 13-30 所示。单击"确定"按钮，图片调整后的效果如图 13-31 所示。用相同的方法可以调整图片上方的内容，效果如图 13-32 所示。

图 13-29

图 13-30

图 13-31

图 13-32

13.1.4　Camera Raw 滤镜

Camera Raw 滤镜可以调整照片的颜色，包括白平衡、色温和色调等，可以对图像进行锐化处理，还可以减少图像杂色、纠正镜头问题及重新修饰图像。

打开一幅图像。选择"滤镜 > Camera Raw 滤镜"命令，弹出图 13-33 所示的对话框。

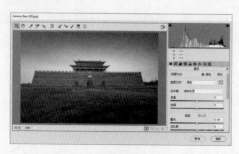

图 13-33

单击"基本"选项卡，具体设置如图 13-34 所示。单击"确定"按钮，效果如图 13-35 所示。

图 13-34

图 13-35

13.1.5 "镜头校正"滤镜

"镜头校正"滤镜可以修复常见的镜头瑕疵，如桶形失真、枕形失真、晕影和色差等，也可以用于旋转图像，或修复由相机在垂直或水平方向上倾斜而导致的图像透视、错视现象。

打开一幅图像，如图 13-36 所示。选择"滤镜 > 镜头校正"命令，弹出图 13-37 所示的对话框。

图 13-36

图 13-37

单击"自定"选项卡，具体设置如图 13-38 所示。单击"确定"按钮，效果如图 13-39 所示。

图 13-38

图 13-39

13.1.6 "液化"滤镜

使用"液化"滤镜可以制作出各种类似液化的图像变形效果。

打开一幅图像。选择"滤镜 > 液化"命令，或按 Shift+Ctrl+X 组合键，弹出"液化"对话框，如图 13-40 所示。

左侧的工具箱中由上到下分别为向前变形工具 、重建工具 、平滑工具 、顺时针旋转扭曲工具 、褶皱工具 、膨胀工具 、左推工具 、冻结蒙版工具 、解冻蒙版工具 、脸部工具 、抓手工具 和缩放工具 。

图 13-40

画笔工具选项。"大小"选项用于设定所选工具的笔触大小；"浓度"选项用于设定画笔的浓度；"压力"选项用于设定画笔的压力大小，压力越小，变形的过程越慢；"速率"选项用于设定画笔的绘制速度；"光笔压力"选项用于设定压感笔的压力；"固定边缘"选项用于选中可锁定的图像边缘。

人脸识别液化。"眼睛"选项组用于设定眼睛的大小、高度、宽度、斜度和距离；"鼻子"选项组用于设定鼻子的高度和宽度；"嘴唇"选项组用于设定微笑、上嘴唇、下嘴唇、嘴唇的宽度和高度；"脸部形状"选项组用于设定前额、下巴、下颌和脸部宽度。

载入网格选项。用于载入、使用和存储网格。

蒙版选项。用于选择通道蒙版的形式。单击"无"按钮，不制作蒙版；单击"全部蒙住"按钮，可以为全部的区域制作蒙版；单击"全部反相"按钮，可以解冻蒙版区域并冻结剩余的区域。

视图选项。勾选"显示参考线"复选框，可以显示参考线；勾选"显示面部叠加"复选框，可以显示面部的叠加部分；勾选"显示图像"复选框，可以显示图像；勾选"显示网格"复选框，可以显示网格，"网格大小"选项用于设置网格的大小，"网格颜色"选项用于设置网格的颜色；勾选"显示蒙版"复选框，可以显示蒙版，"蒙版颜色"选项用于设置蒙版的颜色；勾选"显示背景"复选框，在"使用"下拉列表中可以选择图层，在"模式"下拉列表中可以选择不同的模式，"不透明度"选项用于设置不透明度。

画笔重建选项。"重建"按钮用于对变形的图像进行重置，"恢复全部"按钮用于将图像恢复到打开时的状态。

在"液化"对话框中进行设置，如图 13-41 所示。单击"确定"按钮，使图像液化变形，效果如图 13-42 所示。

图 13-41

图 13-42

13.1.7　课堂案例——制作彩妆网店详情页主图

案例学习目标

学习制作粒子光的方法。

案例知识要点

使用"填充"命令和"添加图层样式"按钮制作背景，使用椭圆选框工具、"描边"命令、"极坐标"滤镜、"风"滤镜和"用画笔描边路径"按钮等制作粒子光，效果如图 13-43 所示。

图 13-43

效果所在位置

Ch11\效果\制作彩妆网店详情页主图.psd。

（1）按 Ctrl+N 组合键，弹出"新建文档"对话框，设置宽度为 800 像素，高度为 800 像素，分辨率为 72 像素/英寸，颜色模式为 RGB 颜色，背景内容为白色，单击"创建"按钮，新建一个文件。

（2）新建图层并将其命名为"背景色"。将前景色设为红色（211、0、0），按 Alt+Delete 组合键，用前景色填充图层，效果如图 13-44 所示。

（3）单击"图层"控制面板下方的"添加图层样式"按钮 *fx*，在弹出的菜单中选择"内阴影"命令，弹出对话框，将阴影颜色设为黑色，其他选项的设置如图 13-45 所示，单击"确定"按钮，效果如图 13-46 所示。

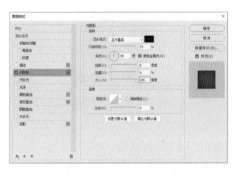

图 13-44　　　　　　　　　　　　　图 13-45　　　　　　　　　　　　　图 13-46

（4）新建图层并将其命名为"外光圈"。选择椭圆选框工具 ⭕，按住 Shift 键的同时，在图像窗口中拖曳鼠标以绘制圆形选区，如图 13-47 所示。选择"编辑 > 描边"命令，弹出"描边"对话框，将描边颜色设为白色，其他选项的设置如图 13-48 所示，单击"确定"按钮。按 Ctrl+D 组合键，取消选区，效果如图 13-49 所示。

图 13-47　　　　　　　　　　　　　图 13-48　　　　　　　　　　　　　图 13-49

（5）选择"滤镜 > 扭曲 > 极坐标"命令，在弹出的对话框中进行设置，如图 13-50 所示，单击"确定"按钮，效果如图 13-51 所示。选择"图像 > 图像旋转 > 逆时针 90 度"命令，旋转图像，效果如图 13-52 所示。

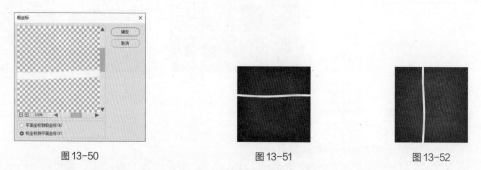

图 13-50   图 13-51   图 13-52

（6）选择"滤镜 > 风格化 > 风"命令，在弹出的对话框中进行设置，如图 13-53 所示，单击"确定"按钮，效果如图 13-54 所示。按 Alt+Ctrl+F 组合键，重复使用"风"滤镜，效果如图 13-55 所示。

图 13-53   图 13-54   图 13-55

（7）选择"图像 > 图像旋转 > 顺时针 90 度"命令，效果如图 13-56 所示。选择"滤镜 > 扭曲 > 极坐标"命令，在弹出的对话框中进行设置，如图 13-57 所示，单击"确定"按钮，效果如图 13-58 所示。

图 13-56   图 13-57   图 13-58

（8）按住 Ctrl 键的同时，单击"图层"控制面板下方的"创建新图层"按钮 ，在"外光圈"图层下方新建图层，并将其命名为"内光圈"。选择椭圆选框工具 ，将属性栏中的"羽化"设为 6 像素，按住 Shift 键的同时，在适当的位置绘制一个圆形。将前景色设为白色。按 Alt+Delete 组合键，用前景色填充图层，效果如图 13-59 所示。

（9）选择"滤镜 > 模糊 > 径向模糊"命令，在弹出的对话框中进行设置，如图 13-60 所示，单击"确定"按钮，效果如图 13-61 所示。

图 13-59

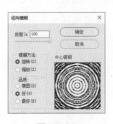

图 13-60

图 13-61

（10）在"图层"控制面板中，按住 Shift 键的同时，单击"外光圈"图层，将需要的图层同时选取。按 Ctrl+E 组合键，合并图层并将图层组命名为"光"，如图 13-62 所示。

（11）单击"图层"控制面板下方的"添加图层样式"按钮 fx.，在弹出的菜单中选择"内发光"命令，弹出对话框，将发光颜色设为黄色（235、233、182），其他选项的设置如图 13-63 所示。选择"外发光"选项，切换到相应的面板，将发光颜色设为红色（255、0、0），其他选项的设置如图 13-64 所示，单击"确定"按钮，效果如图 13-65 所示。

图 13-62

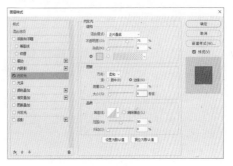

图 13-63

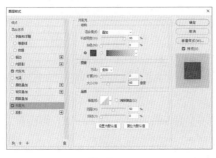

图 13-64

图 13-65

（12）新建图层并将其命名为"外发光"。选择椭圆工具 ○.，将属性栏中的"选择工具模式"设为"路径"，按住 Shift 键的同时，在适当的位置绘制一个圆形路径，如图 13-66 所示。

（13）选择画笔工具 ✔.，在属性栏中单击"切换'画笔设置'面板"按钮 ⊠，在弹出的面板中选择"画笔笔尖形状"选项，切换到相应的面板，具体设置如图 13-67 所示。选择"形状动态"选项，切换到相应的面板，具体设置如图 13-68 所示。

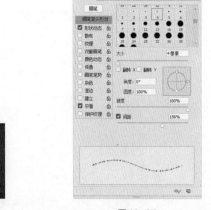

图 13-66　　　　　　　　　图 13-67　　　　　　　　　图 13-68

（14）选择"散布"选项，切换到相应的面板，具体设置如图 13-69 所示。单击"路径"控制面板下方的"用画笔描边路径"按钮 ⊙ ，对路径进行描边。按 Delete 键，删除该路径，效果如图 13-70 所示。

图 13-69　　　　　　　　　　　　　　　　图 13-70

（15）单击"图层"控制面板下方的"添加图层样式"按钮 fx. ，在弹出的菜单中选择"内发光"命令，弹出对话框，将发光颜色设为橘红色（25、94、31），其他选项的设置如图 13-71 所示。选择"外发光"选项，切换到相应的面板，将发光颜色设为红色（255、0、6），其他选项的设置如图 13-72 所示，单击"确定"按钮，效果如图 13-73 所示。

（16）按 Ctrl+J 组合键，复制图层，生成"外发光 拷贝"图层。按 Ctrl+T 组合键，图像周围出现变换框，按住 Alt 键的同时，拖曳右上角的控制节点以等比例缩小图形，按 Enter 键确定操作，效果如图 13-74 所示。

（17）用相同的方法复制多个图形并分别等比例缩小图形，效果如图 13-75 所示。在"图层"控制面板中，按住 Shift 键的同时，单击"外发光 拷贝 2"图层，将需要的图层同时选取。按 Ctrl+E 组合键，合并图层并将其命名为"内光"，如图 13-76 所示。

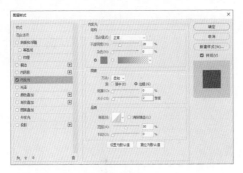

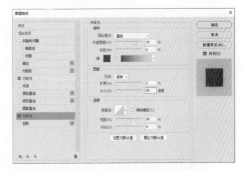

图 13-71　　　　　　　　　　　　　　　　　　图 13-72

图 13-73　　　　　图 13-74　　　　　图 13-75　　　　　图 13-76

（18）按 Ctrl+J 组合键，复制"内光"图层。选择"滤镜 > 模糊 > 高斯模糊"命令，在弹出的对话框中进行设置，如图 13-77 所示，单击"确定"按钮，效果如图 13-78 所示。

（19）按 Ctrl+O 组合键，打开本书云盘"Ch13 > 素材 > 制作彩妆网店详情页主图 > 01、02"文件，选择"移动"工具 ，分别将"01"和"02"图片拖曳到新建图像窗口中适当的位置，效果如图 13-79 所示，"图层"控制面板中会生成新的图层，将它们分别命名为"化妆品"和"文字"。彩妆网店详情页主图制作完成。

图 13-77　　　　　　　　　　　　图 13-78　　　　　　　　　　图 13-79

13.1.8　"消失点"滤镜

使用"消失点"滤镜可以制作建筑物或任何矩形对象的透视效果。

打开一幅图像，绘制选区，如图 13-80 所示。按 Ctrl + C 组合键，复制选区中的图像。按 Ctrl+D 组合键，取消选区。选择"滤镜 > 消失点"命令，弹出对话框，在对话框的左侧选择创建平面工具 ，在图像窗口中单击定义 4 个节点，如图 13-81 所示，节点之间会自动连接，形成一个透视平面，如图 13-82 所示。

按 Ctrl + V 组合键，将刚才复制的图像粘贴到对话框中，如图 13-83 所示。将粘贴的图像拖曳到透视平面中，如图 13-84 所示。按住 Alt 键的同时，向上拖曳建筑物，对其进行复制，如图 13-85 所示。用相同的方法，再复制两次建筑物，如图 13-86 所示。单击"确定"按钮，建筑物的透视变形效果如图 13-87 所示。

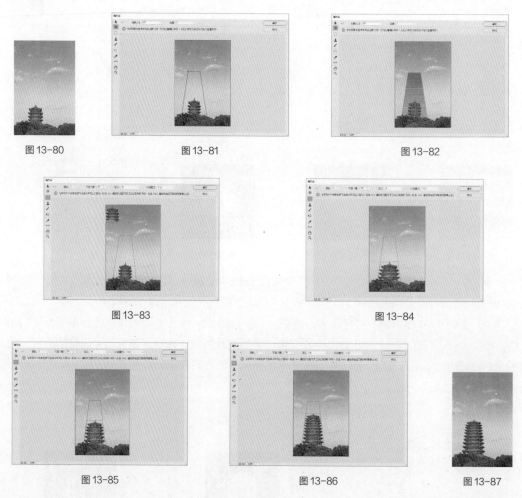

图 13-80　　　　图 13-81　　　　　　图 13-82

图 13-83　　　　　　　　图 13-84

图 13-85　　　　　　图 13-86　　　　图 13-87

　　在"消失点"对话框中，透视平面显示为蓝色时为有效的平面；显示为红色时为无效的平面，无法计算平面的长宽比，也无法拉出垂直平面；显示为黄色时为无效的平面，无法解析出平面的所有消失点，如图 13-88 所示。

蓝色透视平面　　　红色透视平面　　　黄色透视平面

图 13-88

13.1.9 "3D"滤镜组

使用"3D"滤镜组中的滤镜可以生成效果更好的凹凸图和法线图，具体滤镜如图 13-89 所示。应用不同的滤镜制作出的效果如图 13-90 所示。

图 13-89

| 原图 | 生成凹凸图 | 生成法线图 |

图 13-90

13.1.10 "风格化"滤镜组

"风格化"滤镜可以使图像产生印象派和其他风格画派作品的效果，风格化滤镜完全模拟真实艺术手法对图像进行处理。"风格化"滤镜组中的滤镜如图 13-91 所示。应用不同的滤镜制作出的效果如图 13-92 所示。

图 13-91

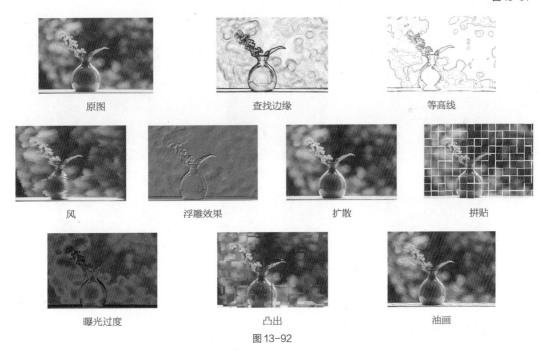

图 13-92

13.1.11 "模糊"滤镜组

"模糊"滤镜可以使图像中过于清晰或对比度强烈的区域产生模糊效果。此外，也可用于制作柔和的阴影。"模糊"滤镜组中的滤镜如图 13-93 所示。应用不同滤镜制作出的效果如图 13-94 所示。

图 13-93　　　　　　　　　　　　图 13-94

13.1.12　"模糊画廊"滤镜组

　　"模糊画廊"滤镜组中的滤镜使用图钉或路径来控制图像，从而制作出模糊效果。"模糊画廊"滤镜组中的滤镜如图 13-95 所示。应用不同滤镜制作出的效果如图 13-96 所示。

图 13-95

图 13-96

13.1.13　"扭曲"滤镜组

　　"扭曲"滤镜组中的滤镜可以使图像产生扭曲变形效果。"扭曲"滤镜组中的滤镜如图 13-97 所示。应用不同滤镜制作出的效果如图 13-98 所示。

图 13-97

图 13-98

13.1.14　课堂案例——制作文化传媒类公众号封面首图

案例学习目标

学习制作公众号封面首图的方法。

案例知识要点

使用"彩色半调"滤镜制作网点图像，使用"高斯模糊"滤镜和图层混合模式调整图像效果，使用"镜头光晕"滤镜添加光晕，效果如图 13-99 所示。

微课视频

扫码观看
本案例视频

扩展阅读

图 13-99

效果所在位置

Ch13\效果\制作文化传媒类公众号封面首图.psd。

（1）按 Ctrl + O 组合键，打开云盘中的"Ch13 > 素材 > 制作文化传媒类公众号封面首图 > 01"文件，如图 13-100 所示。按 Ctrl+J 组合键，复制图层，如图 13-101 所示。

图 13-100

图 13-101

（2）选择"滤镜 > 像素化 > 彩色半调"命令，在弹出的对话框中进行设置，如图 13-102 所示，单击"确定"按钮，效果如图 13-103 所示。

（3）选择"滤镜 > 模糊 > 高斯模糊"命令，在弹出的对话框中进行设置，如图 13-104 所示，单击"确定"按钮，效果如图 13-105 所示。

图 13-102

图 13-103

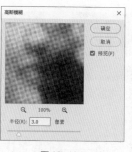
图 13-104

图 13-105

（4）在"图层"控制面板上方，将该图层的混合模式设为"正片叠底"，如图 13-106 所示，图像效果如图 13-107 所示。

（5）选择"背景"图层。按 Ctrl+J 组合键，复制"背景"图层，生成新的图层并将其拖曳到"图层 1"的上方，如图 13-108 所示。

图 13-106

图 13-107

图 13-108

（6）按 D 键，恢复默认的前景色和背景色。选择"滤镜 > 滤镜库"命令，在弹出的对话框中进行设置，如图 13-109 所示，单击"确定"按钮，效果如图 13-110 所示。

图 13-109

图 13-110

（7）选择"滤镜 > 渲染 > 镜头光晕"命令，在弹出的对话框中进行设置，如图 13-111 所示，单击"确定"按钮，效果如图 13-112 所示。

（8）在“图层”控制面板上方，将“背景 拷贝”图层的混合模式设为“强光”，如图 13-113 所示，图像效果如图 13-114 所示。

| 图 13-111 | 图 13-112 | 图 13-113 | 图 13-114 |

（9）选择“背景”图层。按 Ctrl+J 组合键，复制“背景”图层，生成新的图层“背景 拷贝 2”。按住 Shift 键的同时，选择“背景 拷贝”图层和“背景 拷贝 2”图层及它们之间的所有图层。按 Ctrl+E 组合键，合并图层并将图层组命名为“效果”，如图 13-115 所示。

（10）按 Ctrl+N 组合键，弹出“新建文档”对话框，设置宽度为 1175 像素，高度为 500 像素，分辨率为 72 像素/英寸，颜色模式为 RGB 颜色，背景内容为白色，单击“创建”按钮，新建一个文件。选择“01”图像窗口中的“效果”图层，选择移动工具，将其拖曳到新建图像窗口中适当的位置，效果如图 13-116 所示，“图层”控制面板中生成新的图层，如图 13-117 所示。

（11）按 Ctrl+O 组合键，打开云盘中的“Ch13 > 素材 > 制作文化传媒类公众号封面首图 > 02”文件。选择移动工具，将“02”图片拖曳到新建图像窗口中适当的位置，效果如图 13-118 所示，“图层”控制面板中生成新图层，将其命名为“文字”。文化传媒类公众号封面首图制作完成。

| 图 13-115 | 图 13-116 | 图 13-117 | 图 13-118 |

13.1.15 “锐化”滤镜组

“锐化”滤镜组中的滤镜通过提高图像的对比度使图像以及图像的轮廓更加清晰。使用此类滤镜可减弱图像修改后产生的模糊效果。“锐化”滤镜组中的滤镜如图 13-119 所示。应用不同滤镜制作出的效果如图 13-120 所示。

图 13-119

| 原图 | USM 锐化 | 防抖 |

图 13-120

进一步锐化 锐化 锐化边缘 智能锐化

图 13-120（续）

13.1.16 "视频"滤镜组

"视频"滤镜组中的滤镜可以将以隔行扫描方式提取的图像转换为视频设备可接收的图像，以解决图像转换时产生的系统差异问题。"视频"滤镜组中的滤镜如图 13-121 所示。应用不同滤镜制作出的效果如图 13-122 所示。

NTSC 颜色
逐行...

图 13-121

原图 NTSC 颜色 逐行

图 13-122

13.1.17 "像素化"滤镜组

"像素化"滤镜组中的滤镜用于将图像分块或将图像平面化。"像素化"滤镜组中的滤镜如图 13-123 所示。应用不同滤镜制作出的效果如图 13-124 所示。

彩块化
彩色半调...
点状化...
晶格化...
马赛克...
碎片
铜版雕刻...

图 13-123

原图 彩块化 彩色半调 点状化

晶格化 马赛克 碎片 铜版雕刻

图 13-124

13.1.18 "渲染"滤镜组

使用"渲染"滤镜组中的不同滤镜可以在图像中产生不同的照明、光源或夜景效果。"渲染"滤镜组中的滤镜如图 13-125 所示。应用不同滤镜制作出的效果如图 13-126 所示。

火焰...
图片框...
树...

分层云彩
光照效果...
镜头光晕...
纤维...
云彩

图 13-125

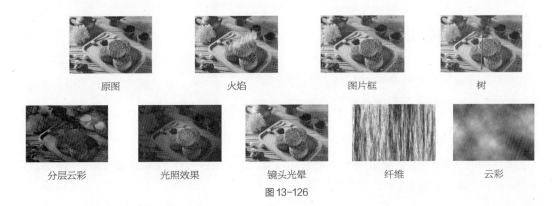

原图	火焰	图片框	树
分层云彩	光照效果	镜头光晕	纤维	云彩

图 13-126

13.1.19 "杂色"滤镜组

"杂色"滤镜组中的滤镜用于添加或去除杂色、斑点、蒙尘或划痕等。"杂色"滤镜组中的滤镜如图 13-127 所示。应用不同滤镜制作出的效果如图 13-128 所示。

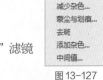

图 13-127

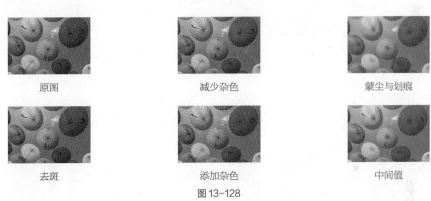

原图	减少杂色	蒙尘与划痕
去斑	添加杂色	中间值

图 13-128

13.1.20 "其他"滤镜组

"其他"滤镜组中的滤镜用于创建特殊的效果。"其他"滤镜组中的滤镜如图 13-129 所示。应用不同滤镜制作出的效果如图 13-130 所示。

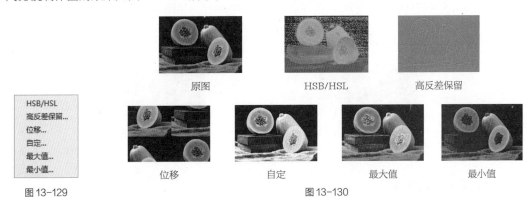

图 13-129

图 13-130

13.2 滤镜使用技巧

重复使用滤镜、对局部图像使用滤镜、对通道使用滤镜、使用智能滤镜或对滤镜效果进行调整可以使图像产生更加丰富、生动的变化。

13.2.1 重复使用滤镜

如果在使用一次滤镜后，觉得效果不理想，可以按 Alt+Ctrl+F 组合键，重复使用滤镜。多次重复使用滤镜的不同效果如图 13-131 所示。

图 13-131

13.2.2 对图像局部使用滤镜

对图像局部使用滤镜，是常用的处理图像的方法。在图像上绘制选区，如图 13-132 所示，对选区中的图像使用"查找边缘"滤镜，效果如图 13-133 所示。如果对选区进行羽化后再使用滤镜，就可以得到选区与原图融为一体的效果。在"羽化选区"对话框中设置"羽化半径"数值，如图 13-134 所示，单击"确定"按钮，再次使用滤镜后得到的效果如图 13-135 所示。

图 13-132   图 13-133   图 13-134   图 13-135

13.2.3 对通道使用滤镜

如果分别对图像的各个通道使用滤镜，所得到的效果和对原图像直接使用滤镜所得到的效果是一样的。对图像的部分通道使用滤镜，可以得到一种非常特别的效果。原始图像如图 13-136 所示，对图像的绿、蓝通道分别使用"径向模糊"滤镜后得到的效果如图 13-137 所示。

图 13-136   图 13-137

13.2.4 智能滤镜

常用滤镜在应用后就不能再改变相关参数，智能滤镜是针对智能对象使用的、可调节滤镜效果的一种滤镜。

在"图层"控制面板中选中需要的图层，如图 13-138 所示。选择"滤镜 > 转换为智能滤镜"命令，弹出提示对话框，单击"确定"按钮，"图层"控制面板中的效果如图 13-139 所示。选择"滤镜 > 模糊 > 动感模糊"命令，为图像添加动感模糊效果，在"图层"控制面板中，此图层的下方会显示出滤镜名称，如图 13-140 所示。

双击"图层"控制面板中的滤镜名称，可以在弹出的对话框中重新设置相关参数。双击滤镜名称右侧的"双击以编辑滤镜混合选项"图标 ，弹出"混合选项"对话框，在该对话框中可以设置滤镜效果的模式和不透明度，如图 13-141 所示。

图 13-138　　　　　　　图 13-139　　　　　　　图 13-140　　　　　　　图 13-141

13.2.5　对滤镜效果进行调整

对图像应用"动感模糊"滤镜后，效果如图 13-142 所示。按 Shift+Ctrl+F 组合键，弹出"渐隐"对话框，调整不透明度并选择模式，如图 13-143 所示，单击"确定"按钮，滤镜效果产生变化，如图 13-144 所示。

图 13-142　　　　　　　　　图 13-143　　　　　　　　　图 13-144

课堂练习——制作美妆护肤类公众号封面首图

✐ 练习知识要点

使用"液化"滤镜命令中的向前变形工具和褶皱工具调整脸型，使用移动工具添加文字和产品，效果如图 13-145 所示。

微课视频

扫码观看
本案例视频

图 13-145

 效果所在位置

Ch13\效果\制作美妆护肤类公众号封面首图.psd。

课后习题——制作旅行生活公众号封面首图

习题知识要点

使用"干画笔"滤镜、"喷溅"滤镜为图片添加特殊效果，使用"特殊模糊"滤镜为图片添加模糊效果，使用"添加图层蒙版"按钮和画笔工具制作局部遮罩效果，使用横排文字工具添加文字，效果如图 13-146 所示。

微课视频

扫码观看
本案例视频

图 13-146

效果所在位置

Ch13\效果\制作旅行生活公众号封面首图.psd。

第 14 章
动作的应用

本章介绍

　　本章主要介绍"动作"控制面板和动作命令的应用技巧，并通过多个实际应用案例进一步讲解相关命令的使用方法。通过对本章的学习，读者能够快速地掌握应用动作以及创建动作的方法。

学习目标

✔ 了解"动作"控制面板并掌握应用动作的技巧
✔ 熟练掌握创建动作的方法

技能目标

✔ 掌握"媒体娱乐公众号封面首图"的制作方法。
✔ 掌握"文化类公众号封面首图"的制作方法。

素养目标

✔ 培养能够合理制订学习计划的自主学习能力。
✔ 培养能够正确理解他人问题的沟通交流能力。
✔ 培养敏锐的思维和强大的分析能力。

14.1　"动作"控制面板的应用

使用"动作"控制面板及其弹出式菜单可以对动作进行各种处理和操作。

14.1.1　课堂案例——制作媒体娱乐公众号封面首图

案例学习目标

学习使用"动作"控制面板调整图像颜色。

案例知识要点

使用"载入动作"命令、"播放选定的动作"按钮制作公众号封面首图，效果
如图 14-1 所示。

微课视频

扫码观看
本案例视频

图 14-1

扩展阅读

效果所在位置

Ch14\效果\制作媒体娱乐公众号封面首图.psd。

（1）按 Ctrl+O 组合键，打开云盘中的"Ch14 > 素材 > 制作媒体娱乐公众号封面首图 > 01"
文件，如图 14-2 所示。选择"窗口 > 动作"命令，弹出"动作"控制面板，如图 14-3 所示。

图 14-2

图 14-3

（2）单击"动作"控制面板右上方的 ≡ 图标，在弹出的菜单中选择"载入动作"命令，弹出"载
入"对话框，选择云盘中的"Ch14 > 素材 > 制作媒体娱乐公众号封面首图 > 02"文件，单击"载
入"按钮，载入动作命令，如图 14-4 所示。单击"09"动作组左侧的 ⟩ 按钮，查看动作应用的步骤，
如图 14-5 所示。

（3）选择"动作"控制面板中新动作的第一步，单击下方的"播放选定的动作"按钮 ▶，效果
如图 14-6 所示。

（4）按 Ctrl+O 组合键，打开云盘中的"Ch14 > 素材 > 制作媒体娱乐公众号封面首图 > 03"
文件。选择移动工具 ⊕，将"03"图片拖曳到"01"图像窗口中适当的位置，效果如图 14-7 所

示，"图层"控制面板中生成新图层，将其命名为"文字"。媒体娱乐公众号封面首图制作完成。

图 14-4   图 14-5   图 14-6   图 14-7

14.1.2 "动作"控制面板

"动作"控制面板用于对一组需要进行相同处理的图像执行批处理操作，以减少重复操作。

选择"窗口 > 动作"命令，或按 Alt+F9 组合键，弹出图 14-8 所示的"动作"控制面板。该控制面板下方有一排动作操作按钮，包括"停止播放／记录"按钮■、"开始记录"按钮●、"播放选定的动作"按钮▶、"创建新组"按钮▣、"创建新动作"按钮⬚、"删除"按钮🗑。

单击"动作"控制面板右上方的≡图标，弹出菜单，如图 14-9 所示。

图 14-8   图 14-9

14.2   创建动作

14.2.1   课堂案例——制作文化类公众号封面首图

案例学习目标

学习使用"动作"控制面板创建动作。

🔒 案例知识要点

使用"色相/饱和度"命令、"亮度/对比度"命令和"照片滤镜"命令调整图像颜色，使用"合并图层"命令和"阈值"命令制作黑白图片，使用图层的混合模式和"不透明度"选项制作特殊效果，使用"动作"控制面板记录动作，效果如图 14-10 所示。

微课视频

扫码观看
本案例视频

扩展阅读

图 14-10

📍 效果所在位置

Ch14\效果\制作文化类公众号封面首图.psd。

（1）按 Ctrl+N 组合键，弹出"新建文档"对话框，设置宽度为 900 像素，高度为 383 像素，分辨率为 72 像素/英寸，颜色模式为 RGB，背景内容为白色，单击"创建"按钮，新建一个文件。

（2）按 Ctrl+O 组合键，打开云盘中的"Ch14 > 素材 > 制作文化类公众号封面首图 > 01"文件。选择移动工具 ⊕，将"01"图片拖曳到新建图像窗口中适当的位置，并调整其大小，效果如图 14-11 所示，"图层"控制面板中生成新的图层，将其命名为"图片"。

（3）选择"窗口 > 动作"命令，弹出"动作"控制面板，单击控制面板下方的"创建新动作"按钮 ⬛，弹出"新建动作"对话框，如图 14-12 所示，单击"记录"按钮。

图 14-11

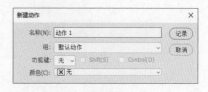

图 14-12

（4）单击"图层"控制面板下方的"创建新的填充或调整图层"按钮 ◐，在弹出的菜单中选择"色相/饱和度"命令，"图层"控制面板中生成"色相/饱和度 1"图层，同时弹出"色相/饱和度"面板，各选项的设置如图 14-13 所示，按 Enter 键确定操作，图像效果如图 14-14 所示。

（5）单击"图层"控制面板下方的"创建新的填充或调整图层"按钮 ◐，在弹出的菜单中选择"亮度/对比度"命令，"图层"控制面板中生成"亮度/对比度 1"图层，同时弹出"亮度/对比度"面板，各选项的设置如图 14-15 所示，按 Enter 键确定操作，图像效果如图 14-16 所示。

（6）单击"图层"控制面板下方的"创建新的填充或调整图层"按钮 ◐，在弹出的菜单中选择"照片滤镜"命令，"图层"控制面板中生成"照片滤镜 1"图层，同时弹出"照片滤镜"面板，各选项的设置如图 14-17 所示，按 Enter 键确定操作，图像效果如图 14-18 所示。

图 14-13　　　　　　图 14-14　　　　　　　图 14-15　　　　　　图 14-16

图 14-17　　　　　　　　　　　　　　　图 14-18

（7）按 Alt+Shift+Ctrl+E 组合键，向下合并可见图层，生成新的图层并将其命名为"黑白"。选择"图像 > 调整 > 阈值"命令，在弹出的对话框中进行设置，如图 14-19 所示，单击"确定"按钮，效果如图 14-20 所示。

（8）在"图层"控制面板上方，将该图层的混合模式设置为"柔光"，"不透明度"设置为50%，如图 14-21 所示，按 Enter 键确定操作，效果如图 14-22 所示。单击"动作"控制面板下方的"停止播放/记录"按钮 ，停止动作的录制。

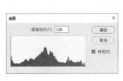

图 14-19　　　　　　　图 14-20　　　　　　　图 14-21　　　　　　　图 14-22

（9）按 Ctrl＋O 组合键，打开云盘中的"Ch14 > 素材 > 制作文化类公众号封面首图 > 02"文件。选择移动工具 ，将图片拖曳到图像窗口中适当的位置，效果如图 14-23 所示，"图层"控制面板中生成新图层，将其命名为"文字"。文化类公众号封面首图制作完成。

图 14-23

14.2.2　创建并应用动作

打开一幅图像，如图 14-24 所示。单击"动作"控制面板右上方的 ≡ 图标，在弹出的菜单中选择"新建动作"命令，弹出"新建动作"对话框，按图 14-25 所示进行设置。单击"记录"按钮，"动作"控制面板中出现"动作 1"，如图 14-26 所示。

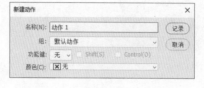

图 14-24　　　　　　　　　　　　图 14-25　　　　　　　　　　　　图 14-26

在"图层"控制面板中新建"图层 1"，如图 14-27 所示。"动作"控制面板中记录下了新建"图层 1"的动作，如图 14-28 所示。

在"图层 1"中填充渐变色，效果如图 14-29 所示。"动作"控制面板中记录下了填充渐变色的动作，如图 14-30 所示。

图 14-27　　　　　　图 14-28　　　　　　图 14-29　　　　　　图 14-30

在"图层"控制面板中将"图层 1"的混合模式设为"叠加"，如图 14-31 所示。"动作"控制面板中记录下了选择混合模式的动作，如图 14-32 所示。

对图像的编辑完成，效果如图 14-33 所示，单击"动作"控制面板右上方的 ≡ 图标，在弹出的菜单中选择"停止记录"命令，"动作 1"记录完成，如图 14-34 所示。"动作 1"中的编辑过程可以应用到其他的图像中。

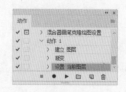

图 14-31　　　　　　图 14-32　　　　　　图 14-33　　　　　　图 14-34

打开一幅图像，如图 14-35 所示。在"动作"控制面板中选择"动作 1"，如图 14-36 所示。单击"播放选定的动作"按钮 ▶，图像编辑过程和效果就是刚才编辑图像时的编辑过程和效果，最终效果如图 14-37 所示。

图 14-35

图 14-36

图 14-37

课堂练习——制作阅读生活公众号封面次图

练习知识要点

使用"动作"控制面板中的"油彩蜡笔"命令等制作蜡笔效果，效果如图 14-38 所示。

图 14-38

效果所在位置

Ch14\效果\制作阅读生活公众号封面次图.psd。

课后习题——制作影像艺术公众号封面首图

习题知识要点

使用"载入动作"命令等制作公众号封面首图，效果如图 14-39 所示。

图 14-39

效果所在位置

Ch14\效果\制作影像艺术公众号封面首图.psd。

15

第 15 章
综合设计实训

本章介绍

本章通过多个商业案例实训，进一步讲解 Photoshop 各大功能的特色和使用技巧，让读者能够快速地掌握软件功能和知识要点，制作出丰富多彩的设计作品。

学习目标

✔ 掌握 Photoshop 的基础知识。
✔ 了解 Photoshop 的常用设计领域。
✔ 掌握 Photoshop 在不同设计领域的应用。

技能目标

✔ 掌握"时钟图标"的绘制方法。
✔ 掌握"旅游类 App 首页"的制作方法。
✔ 掌握"中式茶叶网站主页 Banner"的制作方法。
✔ 掌握"化妆美容图书封面"的制作方法。
✔ 掌握"洗发水包装"的制作方法。
✔ 掌握"中式茶叶官网首页"的制作方法。

素养目标

✔ 培养自我管理和不断进步的自我提升能力。
✔ 培养积极进取的职业精神。
✔ 培养高度的责任感和协作沟通能力。

15.1　图标设计——绘制时钟图标

15.1.1　项目背景及要求

1.　客户名称

微迪设计公司。

2.　客户需求

微迪设计公司是一家集 UI 设计、Logo 设计和 VI 设计为一体的设计公司，得到众多客户的一致好评。公司现阶段需要为新开发的时钟 App 设计一款图标，要求使用拟物化的形式表达出 App 的特征，要有极高的辨识度。

3.　设计要求

（1）拟物化图标的设计应真实、直观，辨识度高。

（2）图标简洁明了，让人一目了然。

（3）色彩搭配简洁、亮丽，画面生动、活泼。

（4）设计规格为 1024 像素（宽）×1024 像素（高），分辨率为 72 像素/英寸。

15.1.2　项目创意及制作

1.　设计作品

设计作品所在位置：本书云盘中的"Ch15\效果\绘制时钟图标.psd"，效果如图 15-1 所示。

图 15-1

2.　制作要点

使用椭圆工具、"减去顶层形状"命令和"添加图层样式"按钮绘制表盘，使用圆角矩形工具、矩形工具和"创建剪贴蒙版"命令绘制指针和刻度，使用钢笔工具、"图层"控制面板和渐变工具制作投影。

15.2　App 界面设计——制作旅游类 App 首页

15.2.1　项目背景及要求

1.　客户名称

畅游旅游 App。

2. 客户需求

畅游旅游是一个在线票务服务公司，已创办多年，成功整合了高科技产业与传统旅游行业，为会员提供酒店预订、机票预订、商旅管理等旅行服务。现为美化公司 App 页面，需要重新设计 App 首页，要求符合公司经营项目的特点。

3. 设计要求

（1）页面布局合理，模块划分清晰、明确。

（2）Banner 采用风景图与文字相结合的形式，突出主题。

（3）整体色彩鲜艳时尚，使人有浏览兴趣。

（4）景点图与介绍性文字搭配合理，相互呼应。

（5）设计规格为 750 像素（宽）×2086 像素（高），分辨率为 72 像素/英寸。

15.2.2 项目创意及制作

1. 设计素材

图片素材所在位置：本书云盘中的"Ch15\素材\制作旅游类 App 首页\01～17"。

文字素材所在位置：本书云盘中的"Ch15\素材\制作旅游类 App 首页\文字文档"。

2. 设计作品

设计作品所在位置：本书云盘中的"Ch15\效果\制作旅游类 App 首页.psd"，效果如图 15-2 所示。

3. 制作要点

使用圆角矩形工具、矩形工具和椭圆工具绘制形状，使用"置入嵌入对象"命令置入图片和图标，使用"创建剪贴蒙版"命令调整图片的显示区域，使用"添加图层样式"按钮添加特殊效果，使用横排文字工具输入文字。

图 15-2

15.3 Banner 设计——制作中式茶叶网站主页 Banner

15.3.1 项目背景及要求

1. 客户名称

品茗茶叶有限公司。

2. 客户需求

品茗茶叶是一家以制茶为主的企业，秉承汇聚源产地好茶的理念，在业内深受客户的喜爱，已开设多家连锁店。现初春新茶上市，需要设计中式茶叶网站主页 Banner，要求起到宣传公司新产品的作用，向客户传递清新和雅致的感受。

3. 设计要求

（1）以产品图片为主体，给人以直观的视觉感受。

（2）使用直观、醒目的文字来说明广告内容，表现活动特色。

（3）整体色彩清新干净，与宣传的主题相呼应，体现传统、淡雅的风格。

（4）整体设计充满特色，契合主题。

（5）设计规格为 1920 像素（宽）×700 像素（高），分辨率为 72 像素/英寸。

15.3.2 项目创意及制作

1. 设计素材

图片素材所在位置：本书云盘中的"Ch15\素材\制作中式茶叶网站主页 Banner\01~14"。

文字素材所在位置：本书云盘中的"Ch15\素材\制作中式茶叶网站主页 Banner\文字文档"。

2. 设计作品

设计作品所在位置：本书云盘中的"Ch15\效果\制作中式茶叶网站主页

Banner.psd"，效果如图 15-3 所示。

微课视频

扫码观看
本案例视频

扩展阅读

图 15-3

3. 制作要点

使用"置入嵌入对象"命令置入图片，使用横排文字工具添加文字，使用矩形工具、圆角矩形工具绘制基本形状，使用"添加图层样式"按钮为图像添加特殊效果。

15.4 书籍设计——制作化妆美容图书封面

15.4.1 项目背景及要求

1. 客户名称

文理青年出版社。

2. 客户需求

文理青年出版社即将出版一本关于化妆的书，名字叫作《四季美妆私语》，目前需要为该书设计封面，封面的设计要求围绕化妆这一主题，通过色彩与图片等吸引读者注意，并将书中的主要内容很好地体现出来。

3. 设计要求

（1）使用可爱、漂亮的背景，注重细节的修饰和处理。

（2）整体色调美观舒适，色彩丰富、搭配自然。

（3）要表现出化妆的魅力和特色，与书中的主要内容相呼应。

（4）设计规格为 46.6 厘米（宽）×26.6 厘米（高），分辨率为 300 像素/英寸。

15.4.2　项目创意及制作

1. 设计素材

图片素材所在位置：本书云盘中的"Ch15\素材\制作化妆美容图书封面\01~07"。

文字素材所在位置：本书云盘中的"Ch15\素材\制作化妆美容图书封面\文字文档"。

2. 设计作品

设计作品所在位置：本书云盘中的"Ch15\效果\制作化妆美容图书封面.psd"，效果如图 15-4 所示。

图 15-4

微课视频

扫码观看
本案例视频 1

微课视频

扫码观看
本案例视频 2

微课视频

扫码观看
本案例视频 3

扩展阅读

3. 制作要点

使用"新建参考线"命令添加参考线，使用矩形工具、"不透明度"选项和"创建剪贴蒙版"命令制作宣传图片，使用椭圆工具、"定义图案"命令和"图案填充"命令制作背景，使用自定形状工具绘制装饰图形，使用横排文字工具和"描边"命令添加相关文字。

15.5　包装设计——制作洗发水包装

15.5.1　项目背景及要求

1. 客户名称

冰凌花洗发水。

2. 客户需求

冰凌花洗发水是一家生产和经营美发护理产品的公司，一直以引领行业潮流为己任。现在需要为该公司最新生产的洗发水制作产品包装，要求体现出产品特色。

3. 设计要求

（1）采用白色和蓝色的外包装，给人洁净、清爽之感。

（2）喷溅的水花与产品形成动静结合的画面，突显出产品的特色。

（3）字体的设计与宣传的主体相呼应，达到宣传的目的。

（4）整体设计清新自然，给人好感，使人产生购买欲望。

（5）设计规格为 18.5 厘米（宽）×10 厘米（高），分辨率为 300 像素/英寸。

15.5.2 项目创意及制作

1. 设计素材

图片素材所在位置：本书云盘中的"Ch15\素材\制作洗发水包装\01~06"。

文字素材所在位置：本书云盘中的"Ch15\素材\制作洗发水包装\文字文档"。

2. 设计作品

设计作品所在位置：本书云盘中的"Ch15\效果\制作洗发水包装.psd"，效果如图 15-5 所示。

图 15-5

微课视频

扫码观看
本案例视频

扩展阅读

3. 制作要点

使用"添加图层蒙版"按钮、画笔工具、混合模式选项和"不透明度"选项制作背景，使用椭圆工具、直线工具、"变换"命令和"创建剪贴蒙版"命令制作装饰图形，使用"添加图层蒙版"按钮和渐变工具制作洗发水的投影，使用横排文字工具和"字符"控制面板添加宣传文字。

15.6 网页设计——制作中式茶叶官网首页

15.6.1 项目背景及要求

1. 客户名称

品茗茶叶有限公司。

2. 客户需求

品茗茶叶是一家以制茶为主的企业，秉承汇聚源产地好茶的理念，在业内深受客户的喜爱，已开设多家连锁店。现为提升公司知名度，需要设计官网首页，要求体现公司内涵、传达公司理念，并能展示出主营产品。

3. 设计要求

（1）整体设计以中式风格为主。

（2）简洁大方，体现绿色、健康的理念。

（3）以绿色和白色为主色调，整体色调协调、统一。

（4）体现主营产品的种类和种植环境。

（5）设计规格为 1920 像素（宽）×4867 像素（高），分辨率为 72 像素/英寸。

15.6.2 项目创意及制作

1. 设计素材

图片素材所在位置：本书云盘中的"Ch15\素材\制作中式茶叶官网首页\01~24"。

文字素材所在位置：本书云盘中的"Ch15\素材\制作中式茶叶官网首页\文字文档"。

2. 设计作品

设计作品所在位置：本书云盘中的"Ch15\效果\制作中式茶叶官网首页.psd"，效果如图 15-6 所示。

图 15-6

3. 制作要点

使用"新建参考线"命令建立参考线，使用"置入嵌入对象"命令置入图片，使用"创建剪贴蒙版"命令调整图片的显示区域，使用横排文字工具添加文字，使用矩形工具和圆角矩形工具绘制基本形状。

课堂练习 1——设计服装饰品 App 首页 Banner

练习 1.1 项目背景及要求

1. 客户名称

霓裳服饰店。

2. 客户需求

霓裳服饰店是一家女士服饰专卖店，一直深受崇尚时尚的女孩们的喜爱。现该服饰店要为春季新款制作首页 Banner，要求设计典雅、时尚，体现出店铺的特点。

3. 设计要求

（1）以产品图片为主要内容。

（2）运用颜色鲜明的背景，使其与文字一起构成丰富的画面。

（3）体现店铺时尚、简约的风格，色彩淡雅，给人活泼、清新的视觉感受。

（4）文字排版简洁，使消费者能够快速了解店铺信息。

（5）设计规格为 750 像素（宽）×200 像素（高），分辨率为 72 像素/英寸。

练习 1.2　项目创意及制作

1. 设计素材

图片素材所在位置：本书云盘中的"Ch15\素材\设计服装饰品 App 首页 Banner\01~03"。

文字素材所在位置：本书云盘中的"Ch15\素材\设计服装饰品 App 首页 Banner\文字文档"。

2. 设计作品

设计作品所在位置：本书云盘中的"Ch15\效果\设计服装饰品 App 首页 Banner.psd"，效果如图 15-7 所示。

图 15-7

3. 制作要点

使用横排文字工具添加文字信息，使用椭圆工具、矩形工具和直线工具添加装饰图形，使用"置入嵌入对象"命令置入图像。

课堂练习 2——设计花艺工坊图书封面

练习 2.1　项目背景及要求

1. 客户名称

花艺工坊。

2. 客户需求

花艺工坊是一家致力于将花艺爱好者培养成花艺设计师的花艺坊。花艺与人们的生活息息相关，花艺工坊的宗旨是让花艺爱好者时刻体验花艺的美感，让生活充满惊喜。本案例是为花艺工坊制作图书封面，要求图书封面新颖、别致，体现出花艺的特点。

3. 设计要求

（1）体现出花艺的特点。

（2）以实拍照片作为封面的背景，文字与图片搭配合理，具有美感。

（3）色彩围绕照片进行设计与搭配，达到自然的效果。

（4）标题直观、醒目，具有设计感。

（5）设计规格为 39.1 厘米（宽）×26.6 厘米（高），分辨率为 300 像素/英寸。

练习 2.2　项目创意及制作

1. 设计素材

图片素材所在位置：本书云盘中的 "Ch15\素材\设计花艺工坊图书封面\01、02"。

文字素材所在位置：本书云盘中的 "Ch15\素材\设计花艺工坊图书封面\文字文档"。

2. 设计作品

设计作品所在位置：本书云盘中的 "Ch15\效果\设计花艺工坊图书封面.psd"，效果如图 15-8 所示。

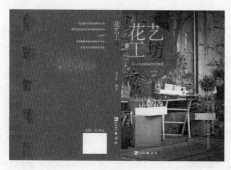

图 15-8

微课视频
扫码观看
本案例视频 1

微课视频
扫码观看
本案例视频 2

微课视频
扫码观看
本案例视频 3

3. 制作要点

使用 "新建参考线版面" 命令添加参考线，使用 "置入嵌入对象" 命令置入图片，使用 "创建剪贴蒙版" 命令和矩形工具制作图像显示效果，使用横排文字工具添加文字信息，使用钢笔工具和直线工具添加装饰图案，使用图层混合模式选项更改图像的显示效果。

课后习题 1——设计冰激凌包装

习题 1.1　项目背景及要求

1. 客户名称

怡喜。

2. 客户需求

怡喜是一家冰激凌品牌，其冰激凌主要口味有香草、抹茶、芒果、提拉米苏等。公司现推出新款草莓口味冰激凌，要求为其制作一款独立包装，要体现出产品特色。

3. 设计要求

（1）整体色彩搭配合理，主题突出，给人舒适感。

（2）草莓酱与冰激凌球的搭配给人甜蜜、细腻的感觉，突显出产品的特色。

（3）字体的设计与宣传的主体相呼应，达到宣传的目的。

（4）整体设计简洁、大方，使人产生购买欲望。

（5）设计规格为 20 厘米（宽）×16 厘米（高），分辨率为 150 像素/英寸。

习题 1.2　项目创意及制作

1．设计素材

图片素材所在位置：本书云盘中的"Ch15\素材\设计冰激凌包装\01~06"。

文字素材所在位置：本书云盘中的"Ch15\素材\设计冰激凌包装\文字文档"。

2．设计作品

设计作品所在位置：本书云盘中的"Ch15\效果\设计冰激凌包装.psd"，效果如图 15-9 所示。

图 15-9

3．制作要点

使用椭圆工具、"添加图层样式"按钮、"色阶"命令和横排文字工具制作包装平面图，使用移动工具、"置入嵌入对象"命令和"投影"命令制作包装展示效果。

课后习题 2——设计中式茶叶官网详情页

习题 2.1　项目背景及要求

1．客户名称

品茗茶叶有限公司。

2．客户需求

品茗茶叶是一家以制茶为主的企业，秉承汇聚源产地好茶的理念，在业内深受客户的喜爱，已开设多家连锁店。现为推广茶文化，需要设计官网详情页，要求着重体现品茶方法，并普及泡茶过程以及制茶流程。

3．设计要求

（1）整体设计以中式风格为主。

（2）简洁大方，体现绿色、健康的理念。

（3）以绿色和白色为主色调，整体色调协调、统一。

（4）要求体现品茶方法、泡茶过程及制茶流程。

（5）设计规格为 1920 像素（宽）×7302 像素（高），分辨率为 72 像素/英寸。

习题 2.2 项目创意及制作

1. 设计素材

图片素材所在位置：本书云盘中的"Ch15\素材\设计中式茶叶官网详情页\01~30"。

文字素材所在位置：本书云盘中的"Ch15\素材\设计中式茶叶官网详情页\文字文档"。

2. 设计作品

设计作品所在位置：本书云盘中的"Ch15\效果\设计中式茶叶官网详情页.psd"，效果如图 15-10 所示。

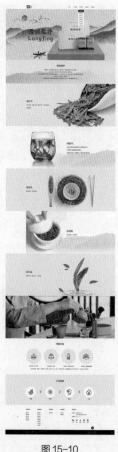

图 15-10

3. 制作要点

使用"新建参考线"命令建立参考线，使用"置入嵌入对象"命令置入图片，使用"创建剪贴蒙版"命令调整图片的显示区域，使用横排文字工具添加文字，使用矩形工具和椭圆工具绘制基本形状。